电力设备腐蚀失效案例分析及预防

主　编　李　航　陈　浩
副主编　张　涛　公维炜　陈　良

中国电力出版社
CHINA ELECTRIC POWER PRESS

内 容 提 要

本书以电力设备的腐蚀现状、难点问题、共性问题为主线，结合电力设备的实际服役环境和结构特点，对典型腐蚀失效案例进行深度剖析，内容丰富翔实、具有较强的实践指导作用，为预防和解决同类腐蚀问题提供了有价值的参考。

本书可作为发供电单位内部员工的培训教材，在技术监督培训中使用，还可作为相关技术人员在设备腐蚀管理、防护设计方面的参考书籍。

图书在版编目（CIP）数据

电力设备腐蚀失效案例分析及预防/李航，陈浩主编．—北京：中国电力出版社，2022.6

ISBN 978-7-5198-6694-5

Ⅰ.①电…　Ⅱ.①李…②陈…　Ⅲ.①电力设备—防腐—案例　Ⅳ.①TM4

中国版本图书馆CIP数据核字（2022）第064966号

出版发行：中国电力出版社

地　　址：北京市东城区北京站西街19号（邮政编码100005）

网　　址：http：//www.cepp.sgcc.com.cn

责任编辑：宋红梅

责任校对：黄　蓓　常燕昆

装帧设计：赵丽媛

责任印制：吴　迪

印　　刷：三河市万龙印装有限公司

版　　次：2022年6月第一版

印　　次：2022年6月北京第一次印刷

开　　本：787毫米×1092毫米　16开本

印　　张：8

字　　数：167千字

印　　数：0001—2000册

定　　价：58.00元

《电力设备腐蚀失效案例分析及预防》

编 委 会

主　　编　李　航　陈　浩

副 主 编　张　涛　公维炜　陈　良

参编人员　田　峰　王海学　杨晓辉　田文涛　郭　洋　李　军
郑建军　谭晓蒙　乔　欣　谢利明　赵晓春　韩　扩
孙增伟　张艳飞　史贤达　刘春宇　李泽峰　郭心爱
刘　俊　樊平成　杨耀国　马旭斌　杜　鑫　孙　唯
张晓明　刘家鹏　李　铁　赵拥华　金福铭　庞永刚
韩吉军　张音清　程文飞　张子良　韩志伟　贾　鹏
贾　飞　刘昊东　郝文魁　陈　云　杨丙坤

前 言

随着我国经济的飞速发展，电力设备的需求与日俱增，然而受服役环境恶劣、腐蚀治理不到位等诸多因素的影响，电力设备的腐蚀锈蚀问题日渐突出。据不完全统计，电力设备因腐蚀引起的折旧、维护等费用每年近千亿元，造成的经济损失相当巨大。

《电力设备腐蚀失效案例分析及预防》以电力设备的腐蚀现状、难点问题、共性问题为主线，对电力设备金属部件典型腐蚀案例进行了深度剖析，详细阐述了电力设备金属部件的腐蚀机理及防护措施。不仅对从事腐蚀研究工作的科研开发人员有较大帮助，还可作为发电企业、供电单位金属技术监督人员在设备腐蚀管理、防护设计方面的参考书籍。

本书共分为五章，第一章为概述，主要介绍金属腐蚀的基本概念及腐蚀防护方法。第二章为火力发电设备腐蚀失效案例分析及预防，总结了火力发电厂金属部件的氧腐蚀、硫腐蚀、氢腐蚀、应力腐蚀、晶间腐蚀、腐蚀疲劳的腐蚀行为特点及腐蚀防护措施。第三章为新能源发电设备腐蚀失效案例分析及预防，探讨了风电主轴螺栓的氢腐蚀及光伏电站换热片的应力腐蚀的特点及预防措施。第四章为输变电设备大气腐蚀失效案例分析及预防，分析了电网设备金属部件在大气环境下的腐蚀原因及防腐方法。第五章为输变电设备土壤腐蚀失效案例分析及预防，研究了电网设备金属部件的土壤腐蚀机理及防治手段。

本书的出版得到了内蒙古电力科学研究院自筹科技项目《基于动电位再活化法评定超超临界机组奥氏体耐热钢晶间腐蚀敏感性研究》的资助。本书由内蒙古电力科学研究院李航、陈浩主编，参加编写的还有山东大学陈良及内蒙古电力（集团）有限责任公司下属供电单位相关技术人员。同时，书中引用了大量的国内外腐蚀科学方面的专家、教授、学者公开出版和发表的著作、论文以及网络文献资料，在此一并表示衷心感谢。

由于编写人员水平有限，时间仓促，书中难免存在不妥或疏漏之处，敬请广大读者批评指正。

编者

2022 年 2 月

目 录

第一章

概　述

第一节　金属腐蚀的定义及分类

一、金属腐蚀的定义

考虑金属腐蚀的本质，通常把金属腐蚀定义为金属与周围环境（介质）之间发生化学或电化学作用而引起的变质或破坏的现象。金属材料发生腐蚀应具备的条件是金属材料、腐蚀介质及两者间相互作用。

二、金属腐蚀的分类

金属腐蚀是一个十分复杂的过程。由于服役中的金属构件存在化学成分、组织结构、表面状态等差异，所处的环境介质的组成、浓度、压力、温度、pH 值等千差万别，受力状态各不相同，因此金属腐蚀的类型很多，存在各种不同的腐蚀分类方法。

（一）按腐蚀机理分类

根据腐蚀机理，即腐蚀过程中发生的反应是化学反应还是电化学反应，把金属腐蚀分为化学腐蚀和电化学腐蚀。

1. 化学腐蚀

化学腐蚀是指金属表面与非电解质直接发生化学作用而引起的变质或破坏。

2. 电化学腐蚀

电化学腐蚀是指金属表面与通过离子导电的介质发生电化学作用而产生的破坏，如锅炉水侧的腐蚀。

化学腐蚀发生的条件是金属与非电解质直接接触，电化学腐蚀发生的条件是不纯金属或合金与电解质溶液接触；化学腐蚀过程中无电流产生，电化学腐蚀过程中有微弱电流产生；化学腐蚀受温度影响较大，电化学腐蚀受电解质影响较大；化学腐蚀的本质是金属被氧化，电化学腐蚀的本质是较活泼金属被氧化。化学腐蚀和电化学腐蚀往往同时发生，但电化学腐蚀更普遍，腐蚀速度更快。

（二）按腐蚀形态分类

根据腐蚀形态分类不同，金属腐蚀可分为全面腐蚀和局部腐蚀两大类。

1. 全面腐蚀

全面腐蚀是腐蚀发生在整个金属表面，或金属表面几乎全面遭受腐蚀，它可能是均匀的，也可能是不均匀的。全面腐蚀的特征是腐蚀分布在整个金属表面，造成金属构件截面尺寸减小，直至完全破坏。

2. 局部腐蚀

局部腐蚀是腐蚀集中在金属表面局部区域，即金属表面只有一部分遭受腐蚀，而其他大部分表面几乎不腐蚀。局部腐蚀的特征是有明晰固定的腐蚀电池阳极区和阴极区，阳极区的面积相对较小；局部腐蚀的电化学过程具有自催化性。

腐蚀失效案例中局部腐蚀占80%以上，工程中的重大突发腐蚀事故多是由局部腐蚀造成的。常见的局部腐蚀形态有8种，即电偶腐蚀、选择性腐蚀、缝隙腐蚀、应力腐蚀、晶间腐蚀、点蚀、磨损腐蚀和氢损伤。

（三）按腐蚀环境分类

根据腐蚀环境不同，金属腐蚀可分为干腐蚀、湿腐蚀、熔盐腐蚀和有机介质中的腐蚀。

1. 干腐蚀

干腐蚀是金属在干燥气体介质中发生的腐蚀，主要是指金属与环境介质中氧反应生产金属氧化物，又称金属的氧化。例如，煤粉在炉膛内燃烧产生的烟气是干燥的，水冷壁、过热器、再热器、省煤器钢管外壁发生的高温氧化，即干腐蚀。

2. 湿腐蚀

湿腐蚀是金属在潮湿环境和含水介质中发生的腐蚀，包括自然环境中的腐蚀和工业介质中的腐蚀，自然环境中的腐蚀有大气腐蚀、土壤腐蚀、海水腐蚀等，工业介质中的腐蚀有酸、碱、盐溶液和工业水中的腐蚀等。

3. 熔盐腐蚀

熔盐腐蚀是金属在熔融盐中发生的腐蚀，如锅炉烟气侧的高温硫腐蚀。

4. 有机介质中的腐蚀

有机介质中的腐蚀是指金属在无水的有机液体和气体（非电解质）中的腐蚀，如铝制四氟化碳、三氯甲烷等卤代烃中的腐蚀，以及铝在乙醇中、镁和钛在甲醇中的腐蚀等。

三、金属腐蚀的特点

（1）金属材料腐蚀过程是循序渐进、缓慢的，而且腐蚀均是从表面开始。

（2）金属材料腐蚀过程是冶金的逆过程，即金属由单质转变为化合态（氧化态）的过程。

（3）金属材料腐蚀是自发进行的，即腐蚀是系统自由能降低到稳态的过程。

（4）金属材料腐蚀最终均对设备的使用性能产生影响，使其失效、破坏。

四、影响金属腐蚀的因素

影响金属腐蚀的因素极为复杂，而且影响机制各不相同，但主要的影响因素归纳如下。

1. 腐蚀介质的影响

常见的腐蚀介质如含有 Cl^- 或溶解有 SO_2、CO_2 等的腐蚀性介质，介质的 pH 值也会对材料的腐蚀产生不同影响。

2. 材料种类的影响

不同的材料在不同腐蚀性环境中的耐蚀性相差很大，如 304 不锈钢在一般应用环境中具有优良的耐蚀性和耐热性，但在含 Cl^- 的介质中极易产生孔蚀或沿晶间腐蚀，而含 Mo 的 316 不锈钢在此环境中则耐蚀性相对较好。

3. 环境温度的影响

环境温度及其变化过程对金属的腐蚀有较大的影响。一般情况下，较高的温度下腐蚀速度较高；并且，温度的变化还会使大气中的水蒸气在金属表面凝结形成水膜，为金属的腐蚀提供必要的条件。

4. 环境湿度和金属腐蚀临界相对湿度的影响

大气湿度对金属的腐蚀有较大的影响，如果达到或超过某一相对湿度时，腐蚀便会很快发生并快速发展。如钢铁在大气中发生锈蚀的临界相对湿度一般为 75%。

5. 受力状态的影响

金属材料自身所处的应力状态对其腐蚀速度的影响也很大。如焊接件经热处理消除应力后其耐蚀性能会得到很大的改善。

第二节　金属腐蚀速度的表示方法

金属遭受腐蚀后，其物理性能和力学性能均会发生一定程度的变化，如质量、厚度、金相组织及电阻等性能。这些性能参数的变化率可以用来表示金属腐蚀的程度，即腐蚀速度。腐蚀速度通常用单位时间内单位表面耗损的金属质量或厚度表示，也可以用电流密度表示。

一、重量法

这重量法是把腐蚀耗损的金属质量换算成单位时间内单位金属表面质量的变化值。失重值是金属腐蚀前的质量与清除腐蚀产物后的质量差值；增重值是金属腐蚀后带有腐蚀产物的质量与腐蚀前质量的差值。

一般用单位时间内单位表面的失重表示腐蚀速度，即

$$v^- = (m_0 - m_1)/(At)$$

式中　v^-——腐蚀速率（以失重表示），$g/(m^2 \cdot h)$；

m_0——金属腐蚀前的初始质量，g；

m_1——金属腐蚀后已去除腐蚀产物的质量，g；

A——金属的表面积，m^2；

t——腐蚀进行的时间，h。

如果腐蚀产物牢固附着在金属表面不易去除，也可用单位时间内单位表面的增重表示腐蚀速度，即

$$v^{+}=(m_2-m_0)/(At)$$

式中 v^{+}——腐蚀速率（以增重表示），g/(m² · h)；

m_2——金属腐蚀后带有腐蚀产物的质量，g。

二、厚度法

用单位时间内耗损的金属厚度表示腐蚀速度，可通过下式计算，即

$$v_t=(v^{-}\times 365\times 24)\times 10/[(100)^2\times \rho]=(v^{-}\times 8.76)/\rho$$

式中 v_t——以单位时间内耗损的金属厚度表示的腐蚀速度，mm/a；

ρ——金属的密度，g/cm³。

用单位时间内耗损的金属厚度表示腐蚀速度，是将一定时间内金属均匀腐蚀耗损的质量，通过质量、体积（厚度×面积）、密度之间的关系，换算成单位时间内的厚度损失。

三、电流密度法

对于电化学腐蚀，腐蚀速度除了可用单位时间内单位面积上金属被腐蚀的质量，或单位时间内金属被腐蚀的厚度表示外，通常还可以用电流密度（单位面积上通过的电流强度）来表示，即用电流密度表示电化学腐蚀速度。

在金属的电化学腐蚀过程中，被腐蚀的金属作为阳极，不断发生氧化反应被溶解，同时释放出电子。释放出的电子数量越多，即输出的电量越多，意味着金属被溶解的量越多。显然，金属电极上输出的电量与金属电极的溶解量之间存在定量关系，这个定量关系就是法拉第定律。

根据法拉第定律，当电极上有1F电量（1F=96 484.6C/mol）通过时，电极上参加反应的物质的量恰好是1mol（以Na计）。例如，当电极通过1F的电量时，电极上阳极溶解或阴极沉积的金属量就正好是1mol（以Na计）；如果电极上发生的是H^{+}的阴极还原过程，那么就有1mol（以Na计）的氢气析出。因此，根据通过的电量，可以计算出溶解或析出的物质质量，即

$$m=QM/(Fn)$$

式中 m——电极上溶解或析出的物质的质量，g；

Q——电极上流过的电量，C；

M——反应物质的摩尔质量，g/mol；

F——法拉第常数，为96 484.6C/mol；

n——反应物质的得失电子数。

已知$Q=It$，将$Q=It$代入$m=QM/(Fn)$，得

$$I=nFm(Mt)$$

式中　I——电流强度，A；

　　t——反应时间（通电时间），s。

由上式可以看出，流过电极的电流强度与单位时间内电极上溶解或析出的物质的摩尔数成正比。然而，电化学反应的速度是用单位时间单位电极表面上溶解或析出的物质的质量来表示的。因此，更实用的是用电流密度来表示金属腐蚀的速度，即

$$i = I/A = nFm/(AMt)$$

式中　i——电流密度（单位面积上通过的电流强度），$\mu A/cm^2$；

　　A——金属腐蚀部位的面积，cm^2。

第三节　电力设备金属部件的腐蚀防护

电力系统是指发电、输电及配电的所有装置和设备的组合，包含发电和供电两部分。发电系统由火力发电、水利发电、核电及新能源发电组成；供电系统由输电、配电的各种装备和设备、变电站、电力线路或电缆组成。在发电、供电系统中需要使用大量的金属材料，而每年因为电力设备金属部件的腐蚀造成的失效事故频频发生，腐蚀防护和控制方法成为电力系统内重要的课题。

目前，腐蚀防护的具体方法很多，主要可以分为以下几类：①正确选用金属材料与合理设计金属的结构；②电化学保护，包括阴极保护和阳极保护；③涂层保护，包括金属涂层、化学转化膜、非金属涂层等保护；④缓蚀剂保护，包括氧化型缓蚀剂、沉淀型缓蚀剂、吸附型缓蚀剂等保护。

对于金属腐蚀的防护问题，需要根据金属产品或构件的腐蚀环境、保护的效果、技术难易程度、经济效益和社会效益等因素进行综合评估，从而选择合适的防护方法。

一、选材与结构设计

（一）选取正确的金属材料

选材是否合理不仅影响电力设备的使用寿命，还影响设备的各种性能。合理选材是根据材料所接触介质的性质和条件、材料的耐蚀性能及材料的价格，选择在所接触介质中比较耐蚀、满足设计和经济性要求的材料，应遵循下列原则。

1. 材料的耐蚀性满足设备服役环境的要求

根据环境选择材料，所选择材料才能适应环境。遴选材料时首先要研究清楚该材料在所处介质中可能发生哪些类型的腐蚀，在选用部位所承受的应力、所处环境的介质条件以及可能发生的腐蚀类型，与其接触的材料是否相容，是否会发生接触腐蚀等。

2. 材料的物理、机械和加工工艺性能满足设备的设计与加工制造要求

结构材料除具有一定的耐蚀性外，一般还要具有必要的机械性能（如强度、硬度、弹性、塑性、冲击韧性、疲劳性能等）、物理性能（如耐热、导电、导热、光、磁、密度、比

重等）及工艺性能（如机加工、铸造、焊接性能等）。对于结构材料的选材不可单纯追求强度指标，应考虑在具体腐蚀环境条件下的性能。

3. 选材时要考虑经济效益和社会效益

在保证其他性能和设计的服役时间前提下，尽量选用价格便宜的材料，根据整个设备的设计寿命和各部件的工作环境条件选择不同的材料，对于腐蚀相对轻微的部件考虑选用成本低、耐蚀性稍差的材料。

4. 选材时要考虑环境保护

在其他性能相近的情况下，不选用会引起环境污染的材料，尽量选择对环境污染小且便于回收的材料。

（二）合理设计金属结构

正确设计金属结构是保证其在腐蚀环境中达到预期寿命的关键步骤。结构件的形式力求简单，这样便于采取防腐措施，同时利于检查、维修。形状复杂的构件，往往存在死角、缝隙、接头，在这些部位容易积液或积尘，从而引起腐蚀。因此，在结构设计时，尽可能不存在积水或积尘的坑洼，从减轻腐蚀或预防腐蚀的角度考虑，设计时应注意如下几点。

1. 设计时要考虑腐蚀裕量

对于发生均匀腐蚀的构件，可以根据腐蚀速率和设备的使用寿命计算构件的尺寸，决定是否采取保护措施，设计时着重考虑腐蚀裕量；对于发生局部腐蚀的构件，设计时除了要考虑腐蚀裕量，还需要考虑其他影响因素。

2. 设计时要避免缝隙腐蚀

缝隙中的介质可引起金属的缝隙腐蚀，可通过拓宽缝隙、填塞缝隙、改变缝隙位置或防止介质进入等措施加以避免。

3. 避免电偶腐蚀

尽可能避免不同金属的直接接触产生电偶腐蚀，特别是避免小阳极、大阴极的电偶腐蚀。预防或减轻电偶腐蚀可以采取如下措施：尽量避免电位序相差过大的金属连接在一起，应将异种金属相互隔开，以避免其接触，或在两种异类金属之间插入第三种金属材料。

4. 避免构件局部应力集中

设计前要计算材料的最大允许使用应力；零件在制造中应注意晶粒取向，尽量避免在短横向上受拉应力；应避免使用应力、装配应力和残余应力在同一个方向上叠加，以减轻或防止应力腐蚀断裂。

（三）电化学保护

腐蚀金属的表面电位对腐蚀速度起着决定性的作用，电化学保护是利用外部电流使金属电位发生改变从而控制腐蚀的一种方法。将被保护金属的阴极极化以减小或防止金属腐蚀的方法称为阴极保护，它是通过外加极化，使原来腐蚀体系的阳极转变为阴极，或消除原先腐蚀电流中的电位差，从而抑制金属的腐蚀。将被保护的金属设备阳极极化至表面钝化，也能

有效抑制金属腐蚀，这种方法称为阳极保护，阳极保护只适用于易钝化金属的保护。

1. 阴极保护

金属在外加阴极电流的作用下，发生阴极极化使金属的阳极溶解速度降低，甚至极化到非腐蚀区使金属完全不腐蚀，这种方法称为阴极保护。根据金属电化学腐蚀的原理，发生金属电化学腐蚀必然是因为在金属表面存在电位不相等的区域，且组成了一个腐蚀原电池。在阴极保护工程中，判定阴极保护效果的重要参数有保护电位、保护电流密度、最佳保护参数。

2. 阳极保护

在外加电流作用下，金属在腐蚀介质中发生钝化，使腐蚀速度显著下降的保护方法称为阳极保护法。阳极保护是在外加阳极性直流电作用下，金属电位向正方向移动，当其正移到致钝电位或流经金属的外部电流密度达到致钝电流时，金属将发生阳极钝化现象，表面生成钝化膜。也就是说，利用金属的阳极钝化现象，通过外加阳极电流而使金属表面生成钝化膜，并用一定的微小电流密度维持钝化膜的稳定，则金属将从腐蚀强烈的活化状态转变为腐蚀极轻微的稳定钝化状态，这种防止金属腐蚀的控制技术称为阳极保护技术。

二、涂镀层保护

金属表面采用涂镀层，尽量避免金属和腐蚀介质直接接触是金属材料的主要防腐技术。涂镀层的作用在于使金属制品与周围介质隔离开来，以阻止金属表面上微电池起作用，从而防止或减少金属基体的腐蚀。涂镀层种类较多，由于它们的作用较大，因此在金属防护技术中获得广泛的应用。金属涂镀层可分为两大类：金属镀层和非金属涂层。金属镀层是指用耐蚀性较强的金属或合金在容易腐蚀的金属表面形成保护层。非金属涂层是指用各种有机高分子材料（油漆涂料、玻璃钢、橡胶等）以及无机材料（陶瓷、珐琅等）在金属设备或零件表面上形成保护层。除防腐外，有的涂镀层还要求具有一定的装饰性和功能性。

三、缓蚀剂保护

缓蚀剂保护作为一种效果较好、方法简便、成本低廉、适用性强的防腐蚀方法，已广泛应用于石油、化工、冶金、机械、电力、交通运输及国防工业领域中。缓蚀剂能否达到理想的缓蚀作用，取决于多种因素。对这些因素的控制可以在一定条件下提高缓蚀效果，达到抑制金属腐蚀的目的。影响缓蚀剂保护效果的主要因素包括浓度、温度、介质及金属材料种类等。缓蚀剂的缓蚀效率与浓度之间有一个极限值，即在某一范围内缓蚀效果最好，浓度过低或者过高都会使缓蚀效率降低。不同种类的金属在同一腐蚀介质中的腐蚀速率不同，因此，选用的缓蚀剂也不同。

（一）缓蚀剂分类

缓蚀剂种类繁多，作用机理复杂，按缓蚀剂的化学组成可将缓蚀剂划分为无机缓蚀剂和有机缓蚀剂；按缓蚀剂对电极过程的影响可将缓蚀剂分为阳极型、阴极型和混合型三种类型；按形成的保护膜特征可将缓蚀剂分为氧化膜型缓蚀剂、沉淀膜型缓蚀剂；按物理性质可将缓蚀剂分为水溶性缓蚀剂、油溶性缓蚀剂、气相型缓蚀剂。

（二）缓蚀剂的作用机理

1. 无机缓蚀剂的缓蚀作用机理

（1）阳极型缓蚀剂可进一步分为阳极抑制型缓蚀剂（钝化剂）和阴极去极化型缓蚀剂。阳极抑制型缓蚀剂的作用原理是当溶液中加入阳极抑制型缓蚀剂（钝化剂）时，缓蚀剂使金属表面发生氧化，形成一层致密的氧化膜，提高金属在腐蚀介质中的稳定性，从而抑制金属的阳极溶解。在中性溶液中应用的典型阳极型缓蚀剂（钝化剂）有铬酸盐、磷酸盐和硼酸盐。后两种必须在有氧存在的情况下才能形成致密的表面膜。阳极型缓蚀剂并不一定非要金属处于钝化状态。

（2）阴极型缓蚀剂的作用原理是加入阴极型缓蚀剂后，阳极极化曲线不会发生变化，仅阴极极化曲线的斜率增大，腐蚀电位负移，导致腐蚀电流降低。阴极型缓蚀剂与阳极型缓蚀剂的差别在于：阴极型缓蚀剂主要对金属的活性溶解起到作用，而阳极型缓蚀剂则是在钝化区起到缓蚀作用。

2. 有机缓蚀剂的缓蚀作用机理

有机缓蚀剂主要通过在金属表面形成吸附膜来阻止腐蚀。因此，有机缓蚀剂的缓蚀作用机理主要取决于缓蚀剂分子中极性基团在金属表面的吸附。有机缓蚀剂的极性基团部分大多以电负性较大的 N、O、S、P 原子为中心原子，它们吸附于金属表面，改变双电层结构，以提高金属离子化过程的活化能。而由 C、H 原子组成的非极性基团则远离金属表面定向排列形成一层疏水层，阻碍腐蚀介质向界面的扩散。有机缓蚀剂的极性基团的吸附可分为物理吸附和化学吸附。

（1）物理吸附是具有缓蚀能力的有机离子与带电的金属表面静电引力和金属范德华引力作用的结果。物理吸附的特点是吸附作用力小、吸附热小、活化能低、与温度无关、吸附的可逆性大、易吸附、易脱附；对金属无选择性；既可以是单分子吸附，也可能是多分子吸附；是一种非接触式吸附。

（2）化学吸附是缓蚀剂在金属表面发生的一种不完全可逆的、直接接触的特性吸附。化学吸附的特点是吸附作用力大、吸附热高、活化能高、与温度有关；吸附不可逆，吸附速度慢；对金属具有选择性；通常只形成单分子吸附层。有机缓蚀剂在金属表面的化学吸附，既可以通过分子中的中心原子或 π 键提供电子，也可以通过提供质子来完成。

（三）主要影响因素

缓蚀剂有明显的选择性，除了与缓蚀剂本身的性质、结构等因素有关外，影响缓蚀剂性能的因素还包括金属和介质条件。因此，应根据实际使用情况，针对不同的介质条件（如温度、浓度、流速等）、工艺、产品质量要求选择适当的缓蚀剂。需要考虑的主要因素包括：

1. 金属材料

金属材料种类不同，适用的缓蚀剂不同。金属材料的纯度和表面状态也会影响缓蚀剂的效率。通常，金属材料的表面粗糙度越高，缓蚀剂缓蚀效率越高。

2. 介质环境

介质不同需要选不同的缓蚀剂。一般中性水介质中多用无机缓蚀剂，以钝化型和沉淀型为主。酸性介质中则采用有机缓蚀剂较多，并以吸附型为主。油类介质中要选用油性吸附型缓蚀剂。选用气相缓蚀剂时必须有一定的蒸气压力和密封的环境。介质流速对缓蚀剂作用的影响通常较复杂。一般情况下，腐蚀介质流速增加，腐蚀速率增加，缓蚀效率下降。但在某些情况下，随着流速增加到一定值后，缓蚀剂有可能转变为腐蚀促进剂。若在静态条件下，缓蚀剂不能很好地均匀分布于介质中时，流速增加则有利于缓蚀剂的均匀分布，从而形成完整的保护膜，使缓蚀效率上升。

对于某些缓蚀剂，则存在一个临界浓度值，当缓蚀剂浓度大于该值时，流速上升，缓蚀效率增加；而浓度小于该值时，流速上升，缓蚀效率下降。温度对缓蚀剂缓蚀效果的影响不一。对于大多数有机缓蚀剂和无机缓蚀剂来说，高温将会造成金属表面上的吸附减弱，或者形成的沉淀膜颗粒增大，黏附性能变差，使得缓蚀效果下降。而某些缓蚀剂，温度升高则有利于它们在金属表面形成反应产物膜或钝化膜，反而提高缓蚀效率。

3. 缓蚀剂的浓度

缓蚀效率随缓蚀剂浓度的变化情况有三种。

(1) 缓蚀效率随缓蚀剂浓度的增加而增加。

(2) 缓蚀效率与缓蚀剂浓度间存在极值关系，当缓蚀剂浓度达到一定值时，缓蚀效率最高，进一步增加浓度，缓蚀效率反而下降。

(3) 用量不足时，发生加速腐蚀现象。

4. 缓蚀剂的协同作用

单独使用一种缓蚀剂往往达不到较好的效果。多种缓蚀物质复配使用时，常常比单种缓蚀剂使用时的效果好得多，这种现象叫作协同效应。产生协同效应的机理因体系而异，且尚未清楚。通常情况下，会进行阴极型和阳极型缓蚀剂的复配、不同吸附基团的复配、缓蚀剂与增溶分散剂的复配。通过复配获得高效多功能缓蚀剂，这也是目前缓蚀剂研究领域的重点。

5. 环境负荷

缓蚀剂的添加，既要达到缓蚀的要求，又不能影响工艺过程（如影响催化剂的活性）和产品质量（如颜色、纯度等）。同时，选择缓蚀剂时必须注意对环境的污染和对生物的毒害作用，尽量选择无毒的绿色化学物质作为缓蚀剂。

6. 经济性

在满足使用要求的情况下，尽量选择价格低的缓蚀剂，采用循环溶液体系，可以最大限度地实现缓蚀剂的重复利用。通过发展缓蚀剂与其他保护技术（如选材和阴极保护）联合使用等综合防护技术，能大大降低防腐蚀的成本。

第二章

火力发电设备腐蚀失效案例分析及预防

火力发电设备在运行及停运过程中会受到来自各个方面的腐蚀，一旦金属部件发生腐蚀，金属界面上将发生化学或电化学多相反应，使金属单质转入氧化（离子）状态，造成金属材料的强度、塑性、韧性等力学性能显著下降，破坏金属部件的几何形状，增加零部件间的磨损，恶化电学和光学等物理性能，缩短发电设备的使用寿命，甚至造成火灾、爆炸等灾难性事故。火力发电设备的腐蚀种类较多，通常包含氧腐蚀、硫腐蚀、氢腐蚀、应力腐蚀及晶间腐蚀等类型。

第一节　火力发电设备的氧腐蚀及失效案例

氧腐蚀是火力发电机组热力设备中较常见的一种腐蚀形式，火力发电机组热力设备在安装、运行和停运期间均可能发生氧腐蚀，其中锅炉运行及停运期间氧腐蚀更为严重。发电设备的氧腐蚀本质上是铁在含氧的腐蚀介质下的一种电化学腐蚀，因为铁的电极电位比氧的电极电位低，在铁和氧形成的铁氧腐蚀电池中，铁作为阳极遭到腐蚀，而溶解氧起阴极去极化作用，是引起铁腐蚀的因素。通常，发生氧腐蚀的发电设备大多为溃疡状或者小孔型的局部腐蚀，腐蚀产物包括黄褐色的铁锈、黑色的四氧化三铁、砖红色的氢氧化铁等，氧腐蚀经常发生于省煤器进口或者给水系统等部位。

本节将通过300MW供热机组壁式再热器钢管内壁氧腐蚀及亚临界锅炉水冷壁管氧腐蚀泄漏两个失效案例，为大家详细介绍火力发电设备氧腐蚀的特点、规律及防治措施。

［案例 2-1］ 300MW 供热机组壁式再热器钢管内壁氧腐蚀

一、案例简介

某300MW亚临界锅炉在运行5万h后，进行割管检测时发现乙侧壁式再热器钢管炉膛一侧内壁腐蚀严重。该锅炉为亚临界参数、四角切圆燃烧方式、自然循环汽包炉，单炉膛紧身封闭Ⅱ型布置，燃用烟煤，一次再热，平衡通风，固态排渣，全钢架、全悬吊结构，炉顶带金属防雨罩。燃烧室采用全焊接的膜式水冷壁，以保证燃烧室的严密性。泄漏的壁式再热器钢管规格为ϕ50×4.0mm，材质为12Cr1MoVG。为找出壁式再热器钢管内壁腐蚀原因，避免同类失效再次发生，对其进行检验分析。

二、检测项目及结果

（一）宏观检查

对泄漏的壁式再热器钢管内壁进行宏观形貌检查，发现钢管内壁腐蚀严重，存在大量腐蚀坑，具有“溃疡状”特征，腐蚀产物呈棕色或黑褐色，管壁未见明显胀粗，见图 2-1。

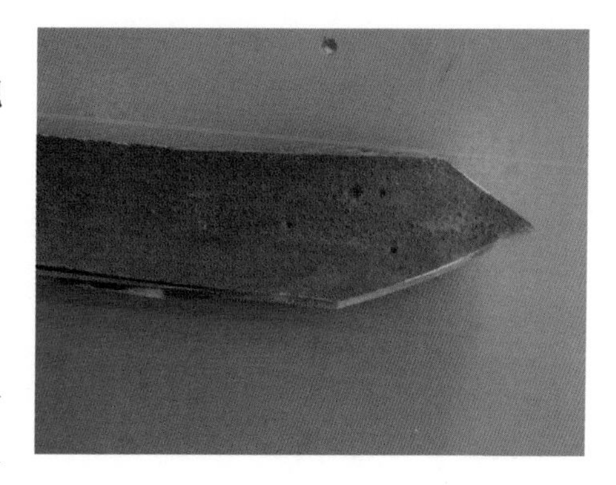

图 2-1　壁式再热器钢管内壁宏观形貌

（二）化学成分分析

对泄漏的壁式再热器钢管取样进行化学成分检测，检测结果见表 2-1。结果表明，壁式再热器钢管化学成分中各元素含量符合 GB/T 5310—2017《高压锅炉用无缝钢管》要求。

表 2-1　壁式再热器管化学成分检测结果　%

检测元素	C	Si	Mn	Cr	Mo	V	P	S
实测值	0.10	0.21	0.59	1.06	0.28	0.19	0.011	0.005
标准要求	0.08～0.15	0.17～0.37	0.40～0.70	0.90～1.20	0.25～0.35	0.15～0.30	≤0.025	≤0.010

（三）显微组织分析

对壁式再热器钢管取样进行显微组织分析，金相组织为铁素体＋珠光体，球化级别为 2.5 级，介于轻度球化与中度球化之间，组织未见明显变形，钢管内壁存在大量腐蚀坑，腐蚀坑最大深度为 0.89mm，见图 2-2。

(a) 基体

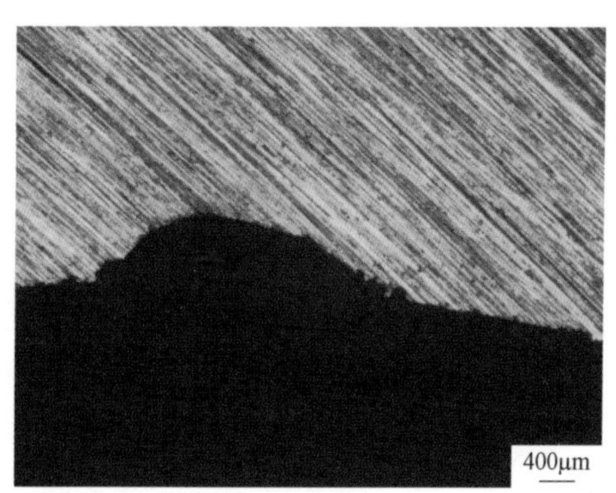

(b) 内壁腐蚀坑

图 2-2　壁式再热器钢管微观组织形貌

（四）腐蚀产物形貌与能谱分析

利用扫描电子显微镜（SEM）对壁式再热器钢管内壁进行微区形貌分析，发现其内壁存在大量腐蚀产物及腐蚀坑，如图 2-3 所示。利用能谱分析仪（EDS）对图 2-4 所示的腐蚀坑内的腐蚀产物进行成分分析，分析结果见图 2-5。结果表明，腐蚀产物主要为铁的氧化物，其中铁的含量约为 80%，氧的含量约为 20%。

图 2-3　内壁腐蚀坑微观形貌

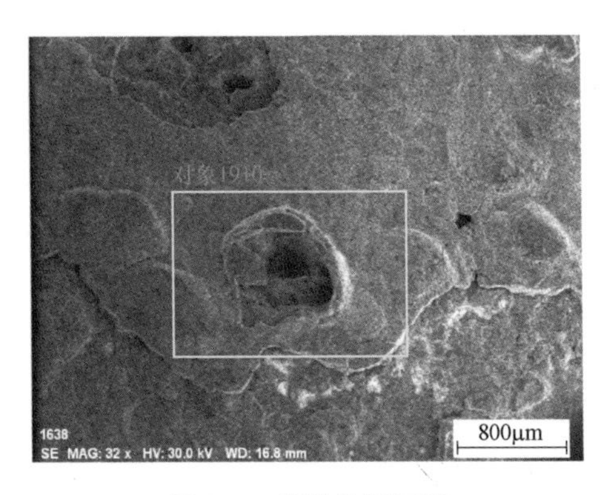

图 2-4　能谱分析区域

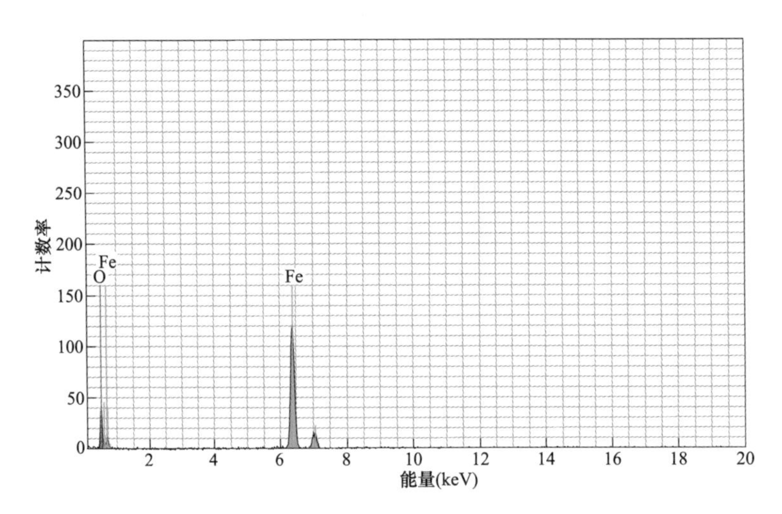

图 2-5　腐蚀产物能谱图

（五）钢管壁厚校核与分析

为了确认内壁腐蚀的壁式再热器钢管壁厚是否能够满足设计要求，按照 GB/T 16507.4—2013《水管锅炉　第 4 部分：受压元件强度计算》对钢管进行壁厚校核。GB/T 16507.4—2013 中给出管子和锅炉范围内管道的直管或直管道的最小需要壁厚按照下式计算，即

$$\delta_{\min}=\frac{pD_{\mathrm{w}}}{2\varphi_{\mathrm{h}}[\sigma]+p}+C_1$$

式中　p——计算压力，MPa；

D_{w}——管道或管子的外径，mm；

$[\sigma]$——设计温度下的许用应力，MPa；

φ_{h}——焊缝减弱系数，对于无缝钢管 $\varphi_{\mathrm{h}}=1.0$；

C_1——设计计算和校核计算考虑腐蚀减薄的附加厚度，一般取 0.5mm。

在该管子的壁厚校核计算中，按照锅炉厂给定参数：壁式再热器管壁温度 $T=397$℃，$p=3.97$MPa，$D_w=50$mm，不同温度下的许用应力查表，397℃时 12Cr1MoVG 钢管的许用应力最小值为 135.0 MPa，则按照上式计算所得的最小需要壁厚为

$$\frac{3.97\times 50}{2\times 1.0\times 135.0+3.97}+0.5=1.2(\text{mm})$$

对壁式再热器的壁厚进行测量，实测值在 2.9～3.8mm 之间（已考虑腐蚀坑的影响），符合最小壁厚要求。

三、综合分析

壁式再热器钢管化学成分符合设计材质的要求，无材质错用；从壁式再热器钢管宏观、微观及能谱分析结果可知，钢管内壁腐蚀严重，存在大量溃疡状腐蚀坑，腐蚀产物呈黑褐色或棕色，为铁的氧化物，金相组织无异常及变形，符合氧腐蚀的特征。

正常运行工况下，壁式再热器内的水是一种具有极性的电解质，在水的极性分子的吸引下，钢管内壁的一部分铁原子转化为带正电的铁离子而溶入水中，钢管内保留多余带负电荷的电子，此时腐蚀速度是比较缓慢的。当锅炉水介质中溶解氧含量超标时，阴极去极化反应加剧，造成更多铁离子不断溶解进入水介质中，并在壁式再热器钢管内壁形成大量腐蚀坑洞，导致其不断腐蚀减薄。

四、结论及建议

综上分析，壁式再热器钢管因锅炉水质控制不当或未采取停炉保护措施，造成钢管内壁在含氧腐蚀介质下发生氧腐蚀，形成大量溃疡状的氧腐蚀是锅炉受热面常见腐蚀坑。经强度核校，内壁腐蚀的壁式再热器强度满足设计要求，在加大监督检查力度的前提下，可继续使用。

氧腐蚀是锅炉受热面管常见的失效形式之一，具体的预防措施如下：

（1）在锅炉运行中保证良好的水循环回路，保持一定的水流速度，使析出的氧气被水流及时带走，避免其吸附在锅炉受热面上。

（2）保证受热面内的水介质 pH 值在合理的范围内。

（3）控制受热面内水介质的温度。

（4）充分保证除氧器的运行效果，减少水中的溶解氧。

（5）加强水质处理和化验的监督力度，定时按要求排污。

（6）锅炉停炉期间应做好停炉保养工作，通常短期停炉采用湿保养法，长期停炉采用干保养法。

[案例 2-2]　亚临界锅炉水冷壁管氧腐蚀泄漏

一、案例简介

某亚临界锅炉在运行 90 000h 后，运行维护人员发现多根前墙水冷壁管穿顶棚部位存

在腐蚀现象，部分腐蚀严重部位已穿孔泄漏。泄漏的前墙水冷壁钢管规格为 $\phi60\times6.5$mm，材质为 20G。为找出水冷壁钢管泄漏的原因，避免同类失效再次发生，对其进行检验分析。

二、检测项目及结果

（一）宏观检查

对前墙水冷壁穿顶棚管进行宏观形貌观察，同时结合现场勘查情况，可以发现多根水冷壁钢管外壁局部区域存在不同程度的溃疡状腐蚀孔洞，腐蚀部位位于浇注料与空气结合处。部分腐蚀孔洞已相互联通，形成较大面积腐蚀坑，个别孔洞已贯穿整个管壁形成泄漏点，如图 2-6 所示。

(a) 现场情况　　(b) 腐蚀孔洞

图 2-6　前墙水冷壁顶棚管宏观形貌

（二）化学成分分析

对腐蚀穿孔的前墙水冷壁顶棚管取样进行化学成分检测，结果见表 2-2。可以看出，前墙水冷壁钢管化学成分中各元素含量符合 GB/T 5310—2017《高压锅炉用无缝钢管》要求。

表 2-2　前墙水冷壁顶棚管化学成分检测结果　%

检测元素	C	Si	Mn	P	S
实测值	0.18	0.19	0.51	0.008	0.004
标准要求	0.17～0.23	0.17～0.37	0.35～0.65	≤0.025	≤0.015

（三）显微组织分析

对前墙水冷壁管腐蚀穿孔泄漏处取样进行显微组织检测，可以看出，钢管的组织为铁素体+珠光体，球化 2 级，属于倾向性球化，未见异常组织，钢管内壁存在大量深浅不一的腐蚀坑，如图 2-7 所示。

（四）力学性能试验

对腐蚀穿孔的前墙水冷壁钢管取样进行室温拉伸试验和硬度测试，检测结果见表 2-3、表 2-4。结果表明，钢管的硬度、屈服强度、抗拉强度和断后伸长率均符合 GB/T 5310—2017《高压锅炉用无缝钢管》要求。

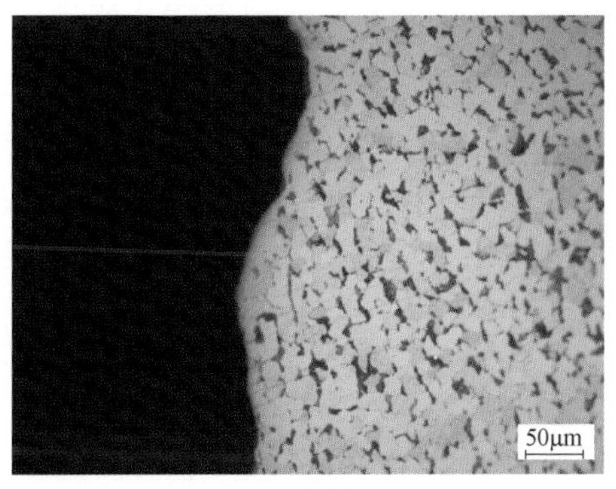

(a) 腐蚀坑

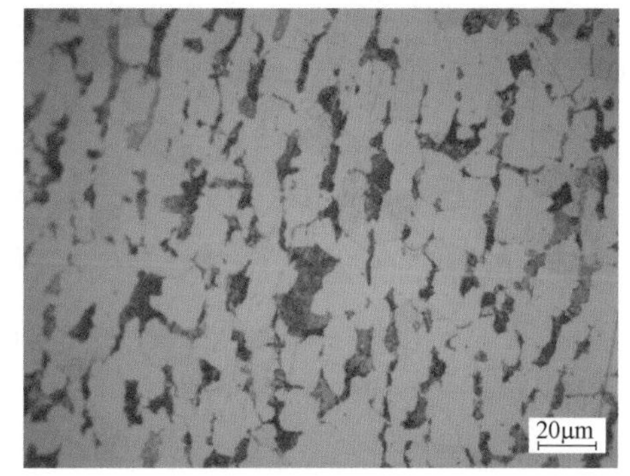

(b) 基体

图 2-7　前墙水冷壁顶棚管微观组织形貌

表 2-3　　　　前墙水冷壁钢管硬度检测结果（20℃）

检测项目	焊缝硬度（HBW）
实测值	139
标准要求	120～160

表 2-4　　　　前墙水冷壁钢管室温拉伸试验测试结果（20℃）

检测项目	屈服强度（MPa）	抗拉强度（MPa）	断后伸长率（%）
迎风面实测值	290	446	35
背风面实测值	299	452	33
标准要求	≥245	410～550	≥24

（五）腐蚀产物能谱分析

对前墙水冷壁钢管内壁腐蚀坑进行微区能谱分析（EDS），检测结果如图 2-8 所示。结果表明，钢管内壁腐蚀产物主要为铁的氧化物，其中铁的含量为 67%，氧的含量为 33%。

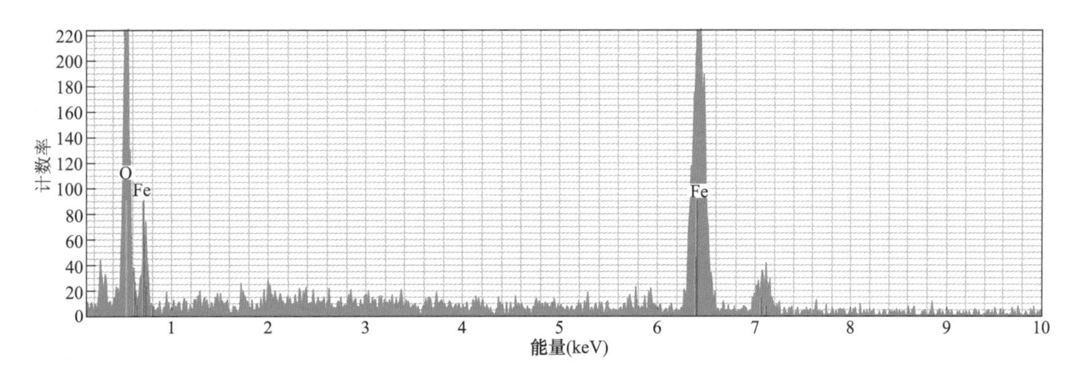

图 2-8　腐蚀产物能谱图

三、综合分析

前墙水冷壁钢管的化学成分符合标准要求，排除错用材质导致的腐蚀。从泄漏的水冷壁钢管宏观、微观及能谱分析结果可知，钢管外壁于浇注料与空气界面结合处存在不同程度的溃疡状腐蚀孔洞，微观组织无异常和变形，腐蚀产物主要为铁的氧化物，符合氧腐蚀的特征。

前墙水冷壁穿顶棚管一端埋设于顶棚浇注料内，另一端则暴露于空气中，使得钢管在两种不同服役环境下的氧浓度不同，在界面结合处形成氧浓度差。钢管的缺氧部位电极电位较低，形成腐蚀电极的阳极，易受腐蚀；而在氧浓度比较充足的部位，钢管的电极电位比较高，形成腐蚀电池的阴极，不易腐蚀。同时，因浇注料覆盖的钢管面积较小，即阳极面积小，而暴露于空气中的钢管面积较大，形成了“小阳极、大阴极”的现象，加速了钢管的氧腐蚀速度。随着氧腐蚀的不断进行，水冷壁钢管壁厚不断减薄，直至穿孔泄漏。

四、结论及建议

综上分析，前墙水冷壁穿顶棚管因埋设于顶棚浇注料内，与暴露于空气中的部分的氧浓度不同，造成钢管各部位电极电位差异明显，形成氧浓差电池，使钢管不断腐蚀减薄，最终在内部高温介质的压力作用下穿孔泄漏。

建议，首先应排查其他同类型受热面管是否存在类似腐蚀穿孔现象，发现问题及时处理；其次，应加强锅炉受热面管的停炉保护，采取有效的保护措施，避免类似大面积腐蚀失效再次发生。

第二节　火力发电设备的硫腐蚀及失效案例

锅炉受热面硫腐蚀可分为低温硫腐蚀和高温硫腐蚀两种形式。低温硫腐蚀是受热面在壁温较低的条件下，硫酸蒸汽凝结在受热面上产生的腐蚀现象，多发生在烟道尾部空气预热器、省煤器等部位。高温硫腐蚀是指受热面钢管在高温下与含硫介质作用，生产硫化物，造成钢管管壁不断减薄损伤，多发生在燃烧器附近的水冷壁钢管向火侧。对大多数金属来说，硫是一种更强烈更具腐蚀性的氧化剂，硫腐蚀危害更大。

本节通过循环流化床锅炉空气预热器钢管低温硫腐蚀泄漏及亚临界锅炉水冷壁钢管高温硫腐蚀损伤两个失效案例，为大家详细介绍火力发电设备硫腐蚀的特点、规律及防治措施。

［案例 2-3］ 循环流化床锅炉空气预热器钢管低温硫腐蚀泄漏

一、案例简介

某循环流化床锅炉在运行过程中，多根空气预热器末级低温段钢管腐蚀泄漏。该锅炉为亚临界参数、一次中间再热、自然循环、单炉膛、汽冷式旋风分离器、循环流化燃烧、平衡通风、固态排渣、紧身封闭、燃煤、全钢架悬吊结构的循环流化床锅炉。空气预热器采用卧式顺列四回程布置，空气在管内流动，烟气在管外流动，位于尾部竖井下方双烟道内，且一、二次风分开布置。泄漏的空气预热器钢管规格为 $\phi45\times2$mm，材质为耐腐蚀的考登钢 Q355GNH。为找出空气预热器钢管泄漏的原因，避免同类失效再次发生，对其进行检验分析。

二、检测项目及结果

（一）宏观检查

对泄漏的空气预热器钢管进行宏观形貌观察，发现钢管爆口附近管壁减薄明显，外壁存在黄褐色及红褐色的斑块状腐蚀产物，部分区域腐蚀产物已脱落，如图 2-9 所示。

(a) 整体形貌

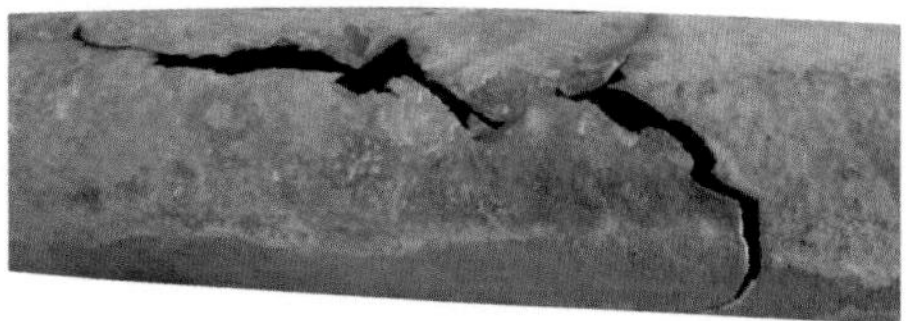

(b) 爆口

图 2-9　空气预热器钢管外壁黄褐色的腐蚀产物

（二）化学成分分析

对泄漏的空气预热器钢管取样进行化学成分检测，检测结果见表 2-5。结果表明，空气预热器钢管的化学成分符合 GB/T 4171—2008《耐候结构钢》要求。

表 2-5　空预器钢管化学成分检测结果　%

检测元素	C	Si	Mn	P	S	Cu	Cr	Ni
实测值	0.11	0.38	0.52	0.12	0.010	0.28	0.35	0.11
标准要求	≤0.12	0.20～0.75	≤1.00	0.07～0.15	≤0.020	0.25～0.55	0.30～1.25	≤0.65

（三）腐蚀产物能谱分析

利用能谱分析仪（EDS）对图 2-10 所示的空气预热器钢管外壁腐蚀产物进行成分分析，检测结果见图 2-11 及表 2-6。结果表明，腐蚀产物中硫元素含量较高，说明烟气中的含硫类蒸汽已经凝结在空气预热器钢管上，使得钢管发生低温硫腐蚀损伤。

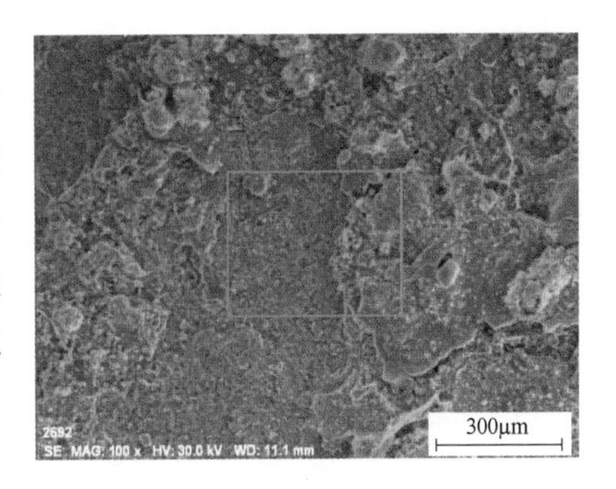

图 2-10　能谱分析位置图

三、综合分析

泄漏的空气预热器钢管化学成分符合设计材质的要求，无材质错用现象。从空气预热器钢管宏观及能谱分析结果可知，钢管管壁腐蚀减薄严重，外壁存在黄褐色及红褐色的斑块状腐蚀产物，经分析腐蚀产物中硫元素含量较高，符合低温硫腐蚀的特征。

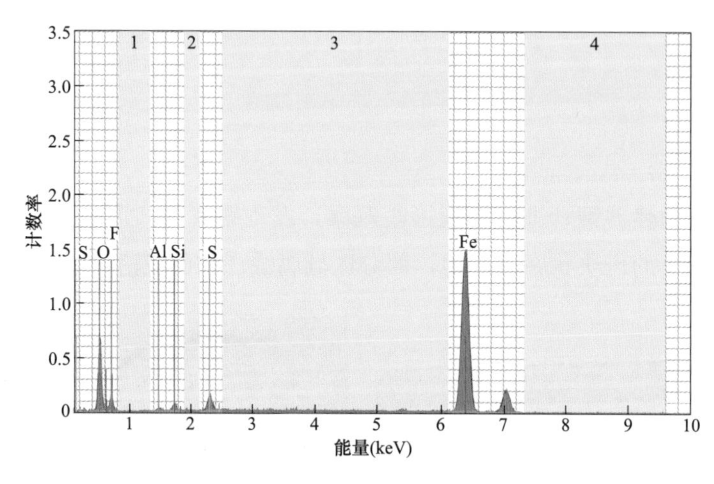

图 2-11　能谱分析图

表 2-6　　　　　　　　　　腐蚀产物能谱分析结果　　　　　　　　　　%

检测元素	Fe	O	Al	Si	S
实测值	71.14	22.16	1.01	1.62	4.07

在高温的炉膛内，煤粉中的硫燃烧生成二氧化硫，二氧化硫在催化剂的作用下进一步氧化生产三氧化硫，并与烟气中的水蒸气生成硫酸蒸汽。硫酸蒸汽的存在使得烟气的露点显著升高，由于空气预热器低温段空气的温度相对较低，当尾部烟道烟气温度过低时，空气预热器钢管壁温低于烟气露点，硫酸蒸汽将凝结在钢管外壁导致其发生低温硫腐蚀损伤。随着管壁的不断腐蚀减薄，在内部介质压力的作用下，最终空气预热器钢管因承载能力严重不足而开裂泄漏。

四、结论及建议

综上分析，空气预热器钢管泄漏主要是因为尾部烟道烟气温度过低，导致烟气中的含硫类蒸汽凝结在空气预热器钢管外壁上，使其发生低温硫腐蚀损伤。随着腐蚀的不断进行，空气预热器钢管管壁不断减薄，最终在内部介质压力的作用下开裂、泄漏。

低温硫腐蚀是空气预热器钢管常见的失效形式之一，具体的预防措施如下：

（1）提高空气预热器管壁温度，使管壁温度高于烟气露点。

（2）在烟气中加入添加剂，中和硫的氧化物，阻止含硫蒸汽的产生。

（3）检测所排放烟气的真实露点，以此为依据调整排烟温度，避免含硫蒸汽凝结在空气预热器钢管上发生腐蚀。

（4）严格控制燃煤质量，保证烟气中硫、氮等元素含量低于排放要求。

（5）提高空气预热器出口排烟温度，使其满足锅炉设计要求。

［案例 2-4］ 亚临界锅炉水冷壁钢管高温硫腐蚀损伤

一、案例简介

某锅炉在运行过程中炉膛前墙水冷壁钢管下部发生减薄损伤并泄漏。该锅炉为亚临界参数、一次中间再热、单锅筒自然循环汽包炉，过热蒸汽流量为 1065t/h，过热蒸汽温度为 541℃，过热蒸汽压力为 17.5MPa。泄漏的水冷壁钢管位于燃烧器附近，规格为 ϕ60×6.3mm，材质为 SA210-C。为找出水冷壁管泄漏原因，避免同类失效再次发生，对其进行检验分析。

二、检测项目及结果

（一）宏观检查

对减薄损伤的水冷壁钢管进行宏观形貌观察，水冷壁钢管内、外壁未见明显的机械损伤及明显的氧化皮等缺陷，向火侧管壁明显减薄，钢管外壁存在黑色腐蚀产物，如图 2-12 所示。

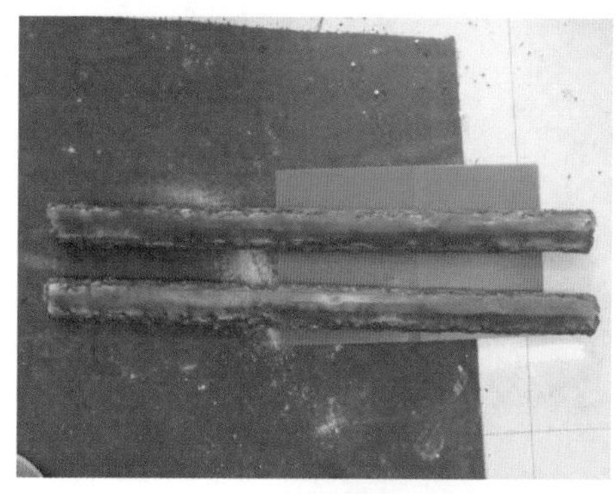

(a) 整体形貌

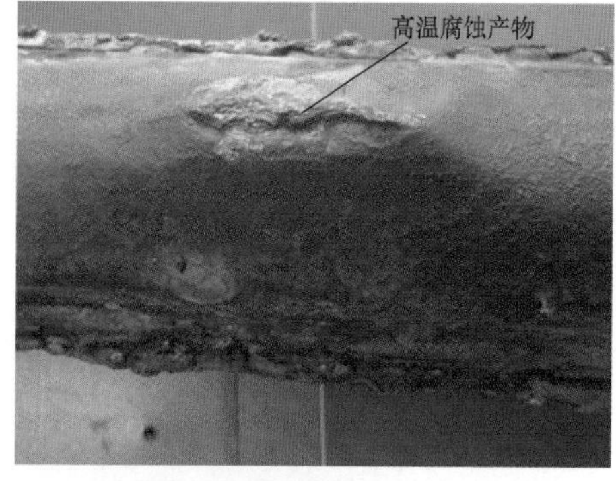

(b) 腐蚀产物

(c) 横截面

图 2-12 减薄损伤的水冷壁钢管宏观形貌

（二）化学成分分析

对减薄损伤的水冷壁钢管取样进行化学成分检测，检测结果见表 2-7。结果表明，水冷壁取样管化学成分中各元素含量符合 ASME SA 210 标准要求。

（三）显微组织分析

对减薄损伤的水冷壁管取样进行显微组织检测，发现钢管向火侧减薄损伤部位与背火侧金相组织相同，均为等轴状均匀分布的铁素体＋珠光体组织，球化级别为 2 级，属于倾向性球化，晶粒无拉长畸变，内、外壁均未见明显的氧化皮，如图 2-13 所示。

表 2-7　　水冷壁钢管化学成分检测结果　　%

检测元素	C	Si	Mn	P	S
实测值	0.19	0.24	1.01	0.017	0.007
标准要求	≤0.35	≥0.10	0.29～1.06	≤0.035	≤0.035

(a) 向火侧

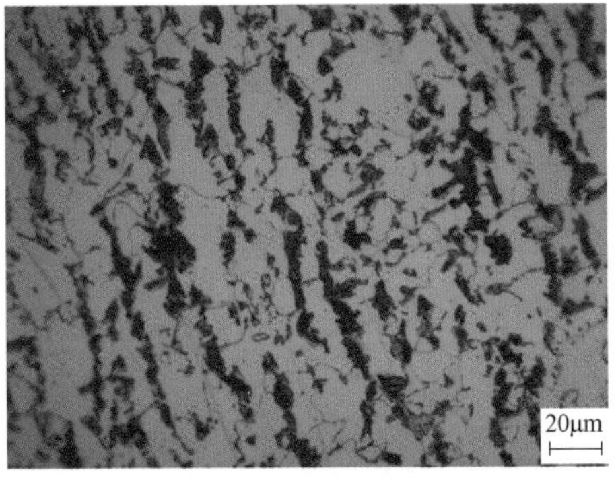

(b) 背火侧

图 2-13　减薄损伤的水冷壁钢管微观组织形貌

（四）外壁沉积物能谱分析

利用能谱分析仪（EDS）对图 2-14 所示的水冷壁外壁沉积物进行成分分析，检测结果见图 2-15 及表 2-8。结果表明，水冷壁向火侧减薄部位外壁沉积物中硫元素含量较高，质量百分比达 15%以上，为水冷壁的高温硫腐蚀提供了充分条件。

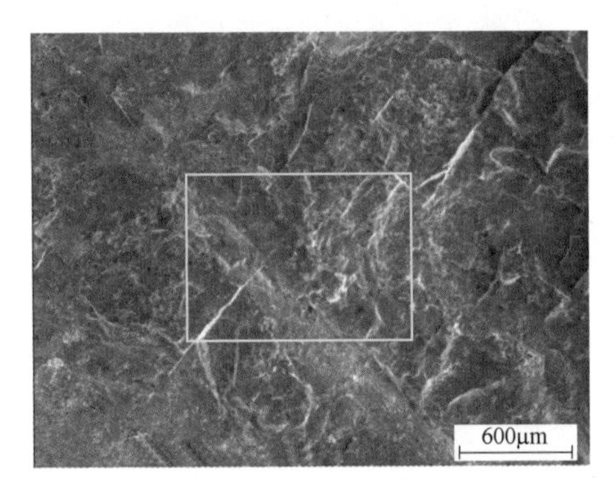

图 2-14　能谱分析位置图

三、综合分析

泄漏的水冷壁钢管化学成分符合设计材质的要求，无材质错用现象。从水冷壁钢管宏观、微观形貌及能谱分析结果可知，钢管向火侧管壁明显减薄，外壁存在黑色腐蚀产物，组织未见异常和拉长畸变。此外，水冷壁钢管损伤部位外壁沉积物的组分中 S 元素含量较高，质量百分比达 15%以上，在炉膛高温燃烧的环境下，为水冷壁受热面的高温硫腐蚀提供了充分条件。

泄漏的水冷壁钢管位于燃烧器附近，该处烟气温度为 1500℃左右，此时煤粉中的矿物质将挥发出来，造成烟气中二氧化硫、硫化氢等腐蚀性气体成分较多，同时该区域内还原性气氛会降低灰的熔点温度并加快灰的沉积过程，从而引起受热面的腐蚀，此外，由于燃烧区域附近的水冷壁管的热流密度和温度梯度较大，管壁温度在 350～400℃之间，对管壁

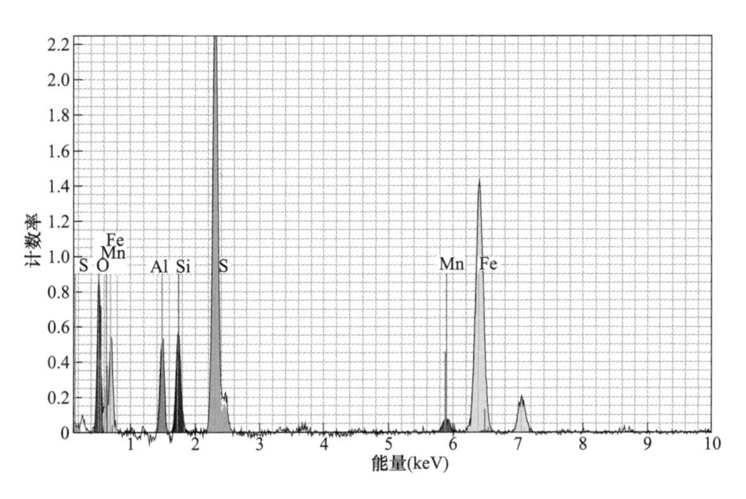

图 2-15　能谱分析图

表 2-8　　水冷壁外壁沉积物成分能谱分析结果　　%

检测元素	O	Al	Si	Mn	S	Fe
实测值	16.90	2.68	2.70	1.78	16.28	40.28

的高温腐蚀有很大的影响，这样在炉内高温环境及水冷壁向火侧硫酸盐的作用下，钢管外壁不断腐蚀减薄，最终因无法承受内部高温介质的压力开裂泄漏。

四、结论及建议

综上分析，水冷壁钢管减薄损伤是因为炉膛的燃烧介质中硫元素含量较高，在锅炉长期运行过程中大量含硫元素的硫酸盐沉积到水冷壁钢管外壁，在炉内高温环境下，水冷壁钢管向火侧发生硫酸盐沉淀热腐蚀，即高温硫腐蚀，从而导致水冷壁钢管管壁减薄损伤。

高温硫腐蚀是水冷壁钢管常见的失效形式之一，具体的预防措施如下：

（1）严格控制燃煤质量和煤粉细度。

（2）优化炉内空气动力场，避免出现还原性气氛。

（3）加强煤粉输送的调整和炉内温度场的优化。

（4）采用热浸渗铝、超声速电弧喷涂等表面处理技术，提高受热面钢管抗高温腐蚀能力，以免再次发生类似腐蚀减薄损伤。

第三节　火力发电设备的氢腐蚀及失效案例

氢腐蚀是指氢以氢原子形式渗入钢中并在晶界聚集，与钢中的碳结合生成甲烷，造成钢表层脱碳，使其强度、塑性降低；在钢内部生成的甲烷无法外溢而集聚在钢内部形成巨大的局部压力，从而导致表面鼓泡或开裂。氢腐蚀分为氢鼓包、氢脆、氢蚀三种形式，常发生在锅炉水冷壁迎火侧热负荷较高的区域。

氢鼓包是指氢原子扩散到金属内部（大部分通过器壁），在另一侧结合为氢分子逸出。如果氢原子扩散到钢内空穴处，并在该处结合成氢分子，由于氢分子不能扩散，所以就会积累形成巨大内压，引起钢材表面鼓包甚至破裂的现象，称为氢鼓包。氢脆是指在强钢中金属晶格高度变形，氢原子进入金属后使晶格应变增大，因而降低韧性及延性，引起脆化。氢蚀是指在高温高压环境下，氢进入金属内与一种组分或元素产生化学反应使金属被破坏。

本节通过循环流化床锅炉水冷壁钢管氢腐蚀泄漏失效案例，为大家详细介绍火力发电设备氢腐蚀的特点、规律及防治措施。

［案例 2-5］ 循环流化床锅炉水冷壁钢管氢腐蚀泄漏

一、案例简介

循环流化床锅炉采用流态化燃烧，是工业化程度较高的洁净煤燃烧技术，其主要结构包括燃烧室、高温气固分离器、返料系统等。布置在炉膛四周的水冷壁主要用于吸收燃烧所产生的部分热量，并与炉膛内的固体燃料相互摩擦，因此循环流化床锅炉水冷壁常见的失效形式主要有磨损、氢腐蚀及短时过热等。氢腐蚀的发生通常与锅炉的水质有关，具有不可逆性，同时会造成水冷壁钢管机械性能的大幅下降，因此氢腐蚀对于锅炉运行的危害极大。

某火力发电厂锅炉水冷壁在运行过程中发生爆管泄漏。该锅炉为单汽包自然循环、室内布置的循环流化床锅炉，额定蒸汽温度为 540℃，汽包工作压力为 10.86MPa，给水温度为 215℃，其中水冷壁钢管规格为 ϕ60×5.0mm，材质为 20G。为找出水冷壁钢管爆漏原因，避免同类失效再次发生，对其进行检验分析。

二、检测项目及结果

（一）宏观检查

对爆漏的水冷壁钢管进行宏观形貌检查，可以发现，钢管爆口呈现典型的“开窗式”特征，开口长度约为 210mm、宽度约等于钢管直径，外壁未见明显机械损伤等缺陷，爆口边缘未发生明显的减薄变形，符合脆性开裂特征。钢管内壁存在多处大小不一的腐蚀坑，其中迎火侧内壁腐蚀减薄较为严重，经测量，最薄处已减小至 1.21mm。爆口内壁附近存在多处长度及深浅不一的裂纹，被棕褐色腐蚀产物所覆盖，爆口处及附近钢管未见明显胀粗，如图 2-16 所示。

（二）显微组织分析

对爆漏的水冷壁管取样进行显微组织检测，如图 2-17 所示。可以发现，爆口处钢管的金相组织为铁素体＋少量珠光体＋碳化物，显微组织脱碳严重，并伴有较多的沿晶分布的微裂纹。爆口边缘呈现沿晶开裂特征，局部区域晶粒已脱落。这样说明了爆口附近钢管内壁由于渗氢，H 与管材中的 C 反应生成了 CH_4，从而造成珠光体脱碳，CH_4 聚集在晶界的

(a) 整体形貌

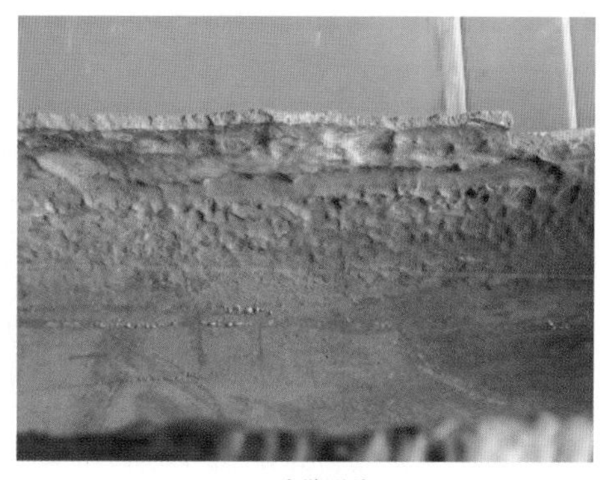

(b) 内壁形貌

图 2-16　爆漏的水冷壁钢管宏观形貌

空隙内，随着氢腐蚀的不断进行，晶粒间产生巨大的内压力，导致钢管出现大量沿晶开裂的微裂纹，同时裂纹内部未见氧化物。

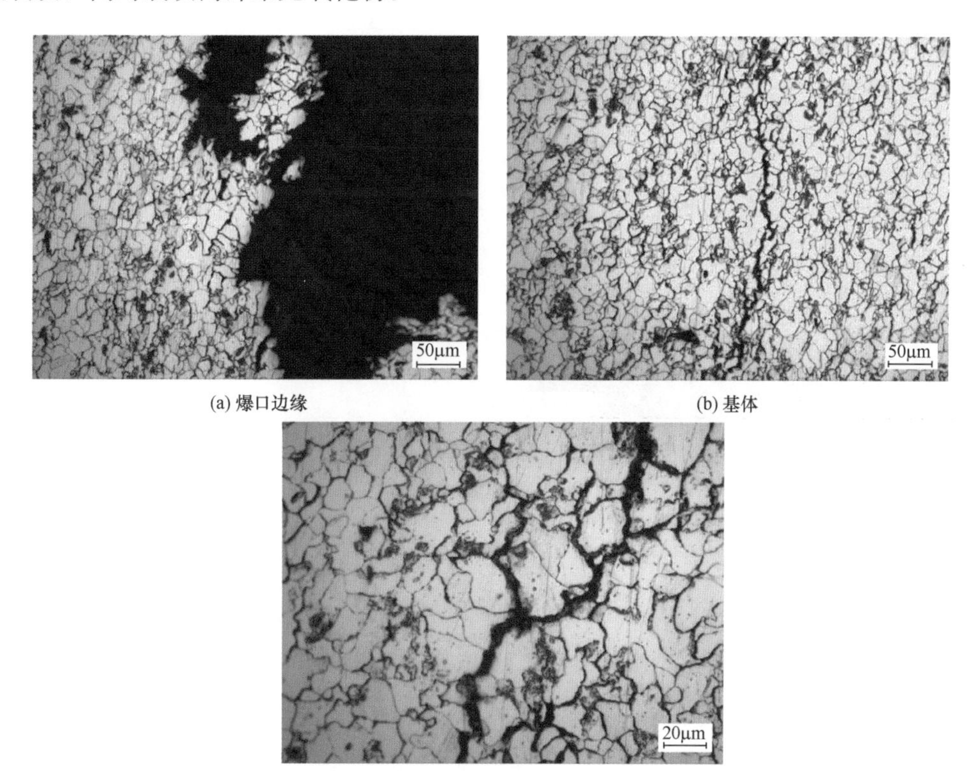

(a) 爆口边缘　　(b) 基体

(c) 裂纹

图 2-17　爆漏的水冷壁钢管各部位微观组织形貌

（三）化学成分分析

从爆漏的水冷壁钢管取样进行化学成分检测，检测结果见表 2-9。结果表明，水冷壁钢管化学成分中各元素含量符合 GB/T 5310—2017《高压锅炉用无缝钢管》对 20G 的要求。

表 2-9　　爆漏的水冷壁钢管化学成分检测结果　　%

检测元素	C	Si	Mn	P	S
实测值	0.19	0.21	0.49	0.009	0.009
标准要求	0.17～0.23	0.17～0.37	0.35～0.65	≤0.025	≤0.015

（四）力学性能试验

对爆漏的水冷壁钢管取样进行常温拉伸力学性能检测，检测结果见表 2-10。由于钢管迎火侧不具备进行力学性能检测的条件，因此对背火侧取样进行了力学性能检测，可以看出，水冷壁钢管背火侧材料的抗拉强度、屈服强度及断后伸长率等各项性能均符合 GB/T 5310—2017《高压锅炉用无缝钢管》中对 20G 的要求。

表 2-10　　水冷壁钢管常温力学性能测试结果

检测项目	屈服强度（MPa）	抗拉强度（MPa）	断后伸长率（%）
标准要求	≥245	410～550	≥24
实测值	344	465	31

（五）爆口边缘 SEM 形貌分析

利用扫描电子显微镜（SEM）对爆漏的水冷壁钢管爆口边缘进行微区形貌特征观察，发现爆口边缘整体呈现“冰糖块状”的沿晶开裂的特征，并伴有少量韧窝，断口上各晶粒之间存在众多微裂纹，具有明显的氢脆开裂特征，如图 2-18 所示。

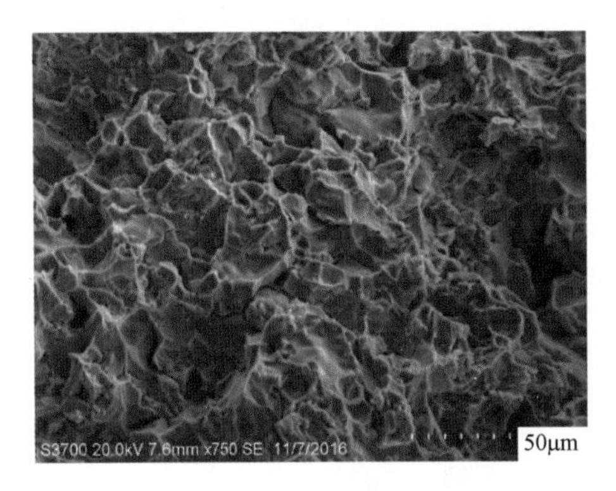

图 2-18　爆漏的水冷壁钢管爆口边缘 SEM 形貌

三、综合分析

爆漏的水冷壁钢管化学成分符合设计材质的要求，这样就排除了因材质错用导致的爆管。从爆漏的水冷壁钢管宏观、微观及 SEM 形貌可知，爆口呈现典型的“开窗式”特征，迎火侧内壁腐蚀减薄较为严重。爆口处组织已严重脱碳，爆口呈沿晶开裂特征，并伴有晶粒脱落现象，与氢脆爆管的特征完全相符。

由于锅炉水质或其他原因，在运行过程中污物不断浓缩致使水冷壁钢管内壁结垢，并发生垢下腐蚀，同时释放氢原子。氢原子在高温高压的作用下进入管材后，在晶界的空隙内聚集，并与钢材中的碳反应生成甲烷，导致钢管内壁组织脱碳。随着反应的不断进行，晶界上的甲烷气体不断聚集增加。因为甲烷的分子较大，无法在钢中扩散，所以晶粒间形成了巨大的局部内压力，并在管壁氢腐蚀严重区域形成沿晶开裂的微裂纹，造成管材力学性能急剧下降。最终，水冷壁钢管在内部高温高压介质的作用下发生爆管泄漏。

四、结论及建议

综上分析，本次水冷壁爆管的主要原因是由于锅炉水质或其他原因，致使在高温运行过程中污物浓缩到水冷壁钢管内壁的沉积物中，沉积物垢下腐蚀（酸性）释放的氢原子在一定的温度及压力下，渗入金属内部与碳化物反应而引发的氢脆导致的爆漏失效。

建议，首先，对锅炉水冷壁系统进行全面的检查，特别是热负荷较高的区域，鉴于氢损伤的不可逆性，对存在同类型损伤的受热面进行及时更换；其次，应加强锅炉水质监督，控制 H_2 析出量；最后，定期对受热面进行除垢处理，同时避免水冷壁超温运行。

第四节　火力发电设备的应力腐蚀及失效案例

金属部件在特定的应力条件下，与腐蚀介质共同作用，导致部件在低于其强度极限的条件下脆性断裂现象，称为应力腐蚀（Stress Corrosion Cracking，SCC）。根据腐蚀形式的不同，应力腐蚀又可分为阳极溶解型应力腐蚀和氢致开裂型应力腐蚀，阳极溶解型应力腐蚀是部件在应力条件下产生氧腐蚀导致的应力腐蚀，氢致开裂型应力腐蚀是部件在特定应力条件下产生析氢反应所导致的应力腐蚀，氢致开裂型应力腐蚀又可细分为硝脆、碱脆、氯脆等。应力腐蚀在金属部件的各个部位都有可能发生，特别是焊缝处或异径突变处，若焊接工艺与热处理不当或焊接材质错用，导致焊缝存在残余焊接应力，在使用时接触腐蚀性介质，极易发生应力腐蚀。此外，不锈钢承压部件对应力腐蚀同样较为敏感。

与应力腐蚀相关的三个因素是材质、应力、环境。材质包括钢种、敏感性和疲劳等；应力包括残余应力、工作应力、集中应力和交变应力等；环境指腐蚀介质。只要消除三者中的任何一个因素，即可防止应力腐蚀的发生。

本节通过 304 不锈钢抗燃油管应力腐蚀开裂及板式换热器应力腐蚀泄漏两个失效案例，为大家详细介绍火力发电设备应力腐蚀的特点、规律及防治措施。

[案例 2-6]　304 不锈钢抗燃油管应力腐蚀开裂

一、案例简介

304 不锈钢，又称 0Cr18Ni9，属于奥氏体不锈钢，其塑性、韧性和冷加工性均良好，在氧化性和酸性强的大气、水和蒸汽等介质中具有较好的耐蚀性，因而在石油化工等行业获得了广泛应用。某厂中压调速汽门的抗燃油管在运行 55 000h 后发生开裂渗油，经在线打制卡具后渗油现象未能彻底消除。该抗燃油管规格为 $\phi32\times3.5$mm，管内油压为 13.5MPa。为找出抗燃油管开裂原因，避免同类失效再次发生，本文对其进行检验分析。

二、检测项目及结果

（一）宏观检查

图 2-19　抗燃油管宏观形貌

结合现场，对渗油的抗燃油管进行宏观形貌检察，见图 2-19。可以看出，抗燃油管的外表面十分光洁，只有部分区域存在因抗燃油泄漏而形成的污垢，肉眼观察未发现明显的开裂及机械损伤等缺陷。

（二）无损检测

将抗燃油管外壁的污渍清理干净，利用无暗室荧光渗透检测技术对管外壁进行渗透检测，结果见图 2-20。结果表面，抗燃油管外壁存在多处细小的裂纹缺陷；将其中一处裂纹部位沿横截面剖开进行渗透检测，发现该处裂纹已经沿钢管径向形成贯穿性裂纹。

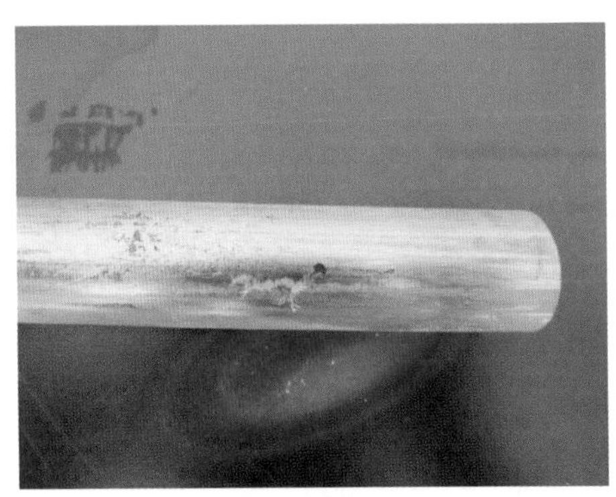

(a) 外壁裂纹

(b) 横截面裂纹

图 2-20　抗燃油管外壁裂纹宏观形貌

（三）化学成分分析

对开裂渗油的抗燃油管取样进行化学成分检测，检测结果见表 2-11。结果表明，抗燃油管化学成分中各元素含量符合 GB/T 14976—2012《流体输送用不锈钢无缝钢管》要求。

表 2-11　开裂抗燃油管化学成分检测结果　%

检测元素	C	Si	Mn	P	S	Cr	Ni
实测值	0.05	0.59	1.25	0.028	0.003	18.83	8.40
标准要求	≤0.07	≤1.00	≤2.00	≤0.035	≤0.030	17.00～19.00	8.00～11.00

（四）显微组织检测与分析

在抗燃油管渗油裂纹附近取样进行整个横截面的金相显微组织检测，结果见图 2-21。可以看出，抗燃油管的基体组织为单相奥氏体组织并伴有大量孪晶，未见大量析出物和老化现象；在显微镜下看到裂纹已贯穿管壁并带有大量枝杈，呈穿晶断裂形貌，具有典型的奥氏体不锈钢应力腐蚀裂纹特征。

（五）力学性能试验

按照标准要求对渗油的抗燃油管取长度为 50mm 的管样在万能试验机上进行常温扩口试验，结果见图 2-22。可以看出，在轻微的扩口力作用下，所选不同部位的 2 根管段均开裂，说明该抗燃油管外壁存在较多微裂纹。

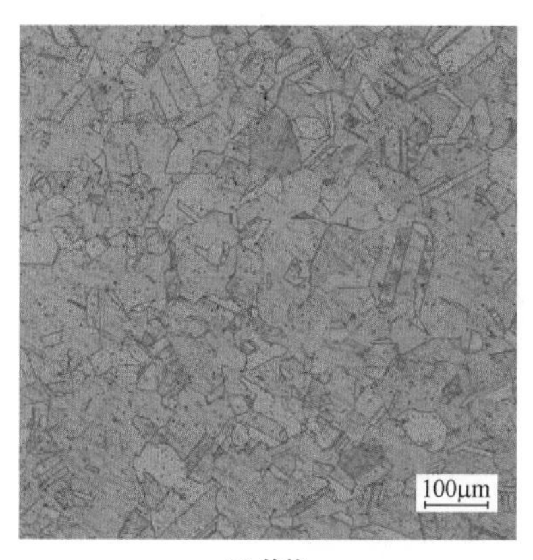

(a) 基体

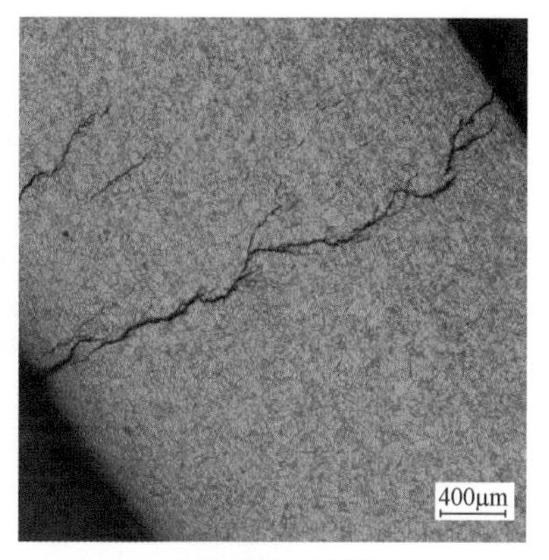

(b) 贯穿管壁的裂纹

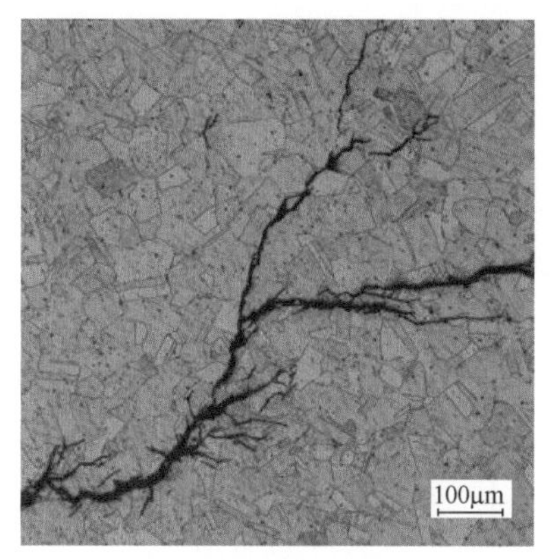

(c) 裂纹高倍形貌

图 2-21　抗燃油管基体及裂纹金相组织

（六）有限元分析

利用数值仿真软件对正常运行工况下的抗燃油钢管受力状态进行分析计算，结果见图 2-23。可以看出，抗燃油管在正常运行状态下，其应力为 40～60MPa，在此应力水平下奥氏体不锈钢很容易发生应力腐蚀。

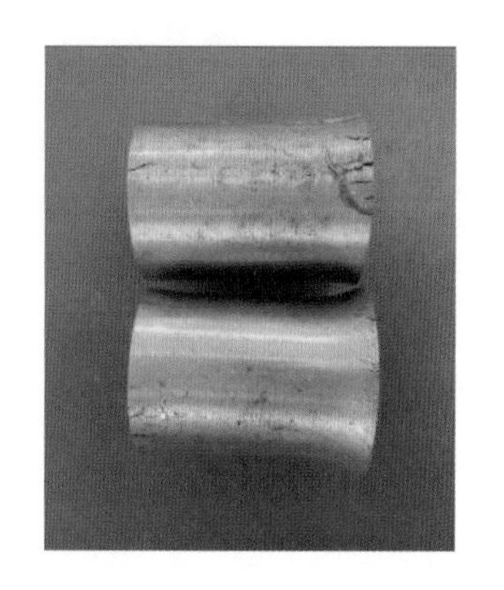

图 2-22　扩口试样开裂形貌

若抗燃油管外壁存在微小裂纹（以长度为 2mm、深度为 0.5mm 的裂纹为例）时，其应力分布情况如图 2-24 所示。可以看出，裂纹中心处应力最大，最大值达到 257.6MPa，已超出了 304 不锈钢的屈服强度（屈服强度为 205MPa），使钢管发生塑性变形，这样在腐蚀介质和应力的综合作用下裂纹将进一步扩展，直至贯穿整个管壁。

（七）腐蚀产物能谱分析

利用能谱分析仪 EDS 对图 2-25 所示的裂纹尖端腐蚀产物的成分进行分析，分析结果见

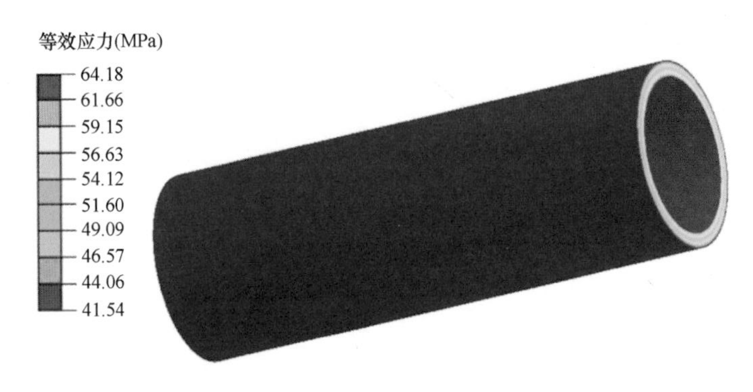

图 2-23　正常运行状态下抗燃油管应力分布情况

图 2-24　存在裂纹缺陷的抗燃油管应力分布情况

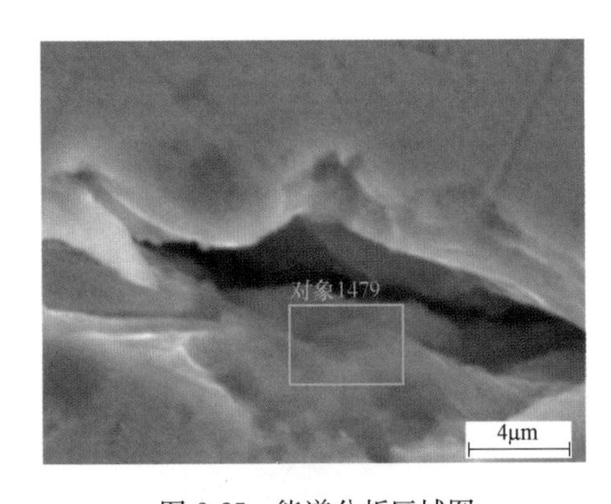

图 2-25　能谱分析区域图

图 2-26 和表 2-12。结果表明，抗燃油管表明裂纹尖端存在含有 Cl^- 的腐蚀产物，而不锈钢的应力腐蚀开裂往往与所接触介质中含有腐蚀性 Cl^- 有关。

三、综合分析

抗燃油管材化学成分符合标准要求，无错用材质现象。抗燃油管表面裂纹尖端存在含有 Cl^- 的腐蚀产物，说明其在运输或运行过程中接触到了含有腐蚀性 Cl^- 的介质，同时沿管壁方向存在众多开放性树枝状的微裂纹，与应力腐蚀开裂的特征一致。这样在管子加工残余应力及内部介质对管壁造成的拉应力的长时间作用下，结合裂纹尖端应力集中效应的影响，抗燃油管所受应力超出 304 不锈钢的屈服应力，最终在腐蚀介质和应力的综合作用下裂纹不断扩展，直至贯穿整个管壁。

四、结论及建议

综上分析，本次抗燃油管渗油开裂的主要原因是其外壁接触到了含有腐蚀性 Cl^- 的介质，在加工残余应力及内部介质对管子外壁造成的拉应力长时间作用下发生应力腐蚀开裂而导致渗油。

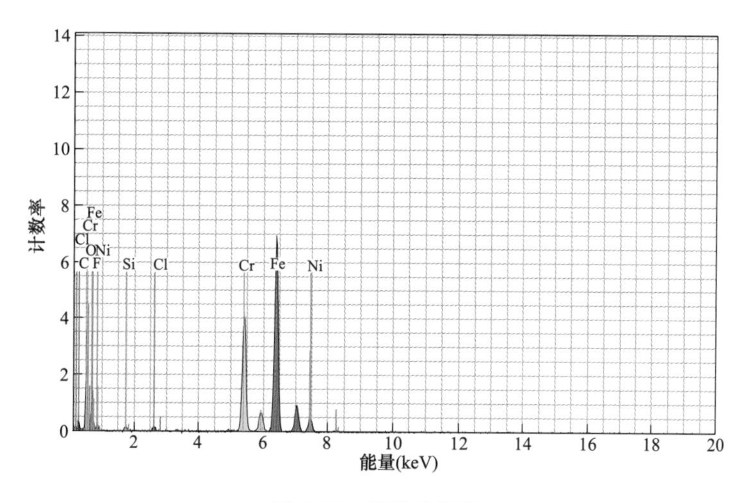

图 2-26　能谱分析图

表 2-12　　裂纹尖端腐蚀产物成分能谱分析结果　　%

检测元素	Fe	Cr	O	C	Ni	F	Si	Cl
实测值	48.96	19.19	16.72	4.91	4.53	4.44	0.68	0.54

建议全面查找抗燃油管表面腐蚀介质 Cl^- 的来源，同时应加强其他抗燃油管道的监督检查力度，避免类似渗油事故再次发生。

[案例 2-7]　板式换热器应力腐蚀泄漏

一、案例简介

某电厂热网首站检修期间，对板式换热器进行解体检查，发现换热片存在不同程度的磨损、腐蚀凹坑和麻点等缺陷，针对此现象对板式换热器进行水压查漏检查，发现换热片大面积泄漏。该板式换热器额定加热蒸汽流量为 120t/h，水侧入口设计压力为 0.6MPa，水侧出口设计压力为 0.48MPa，水侧入口设计温度为 70℃，水侧出口设计温度为 130℃，单台板式换热器最大流量不小于 1400t/h，水侧管口流速不超过 6m/s，疏水温度变化范围为 100～125℃，换热面积为 $320m^2$，板片材质为进口不锈钢 316L，于 2015 年投运。为找出板式换热器泄漏原因，避免同类失效再次发生，本文对其进行检验分析。

二、检测项目及结果

（一）宏观检查

对开裂泄漏的板式换热器进行宏观形貌检查，发现该板式换热器钢板存在大量点腐蚀现象，局部区域存在树枝状裂纹，见图 2-27。

（二）化学成分分析

对开裂泄漏的板式换热器取样进行化学成分分析，结果见表 2-13。结果表明，板式换热器化学成分中碳元素含量高于标准要求，镍元素含量低于标准要求。

(a) 整体形貌

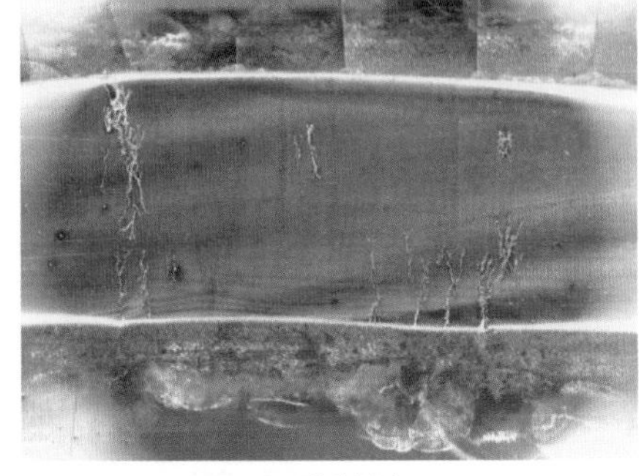
(b) 裂纹缺陷

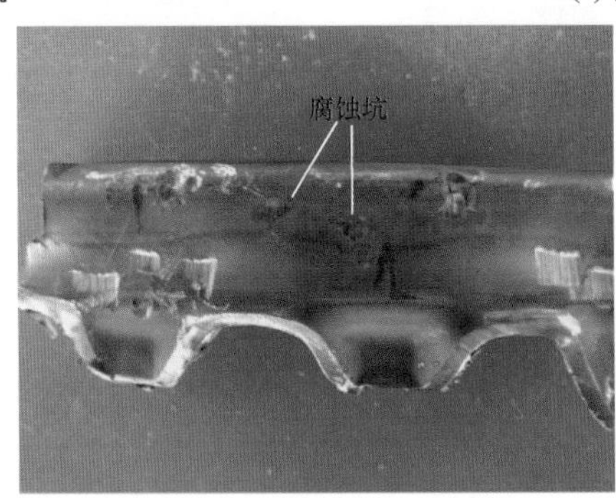

(c) 腐蚀坑

图 2-27　泄漏的板式换热器宏观形貌

表 2-13　　板式换热器取样化学成分检测结果　　%

检测元素	C	Si	Mn	Cr	Ni	Mo	P	S
实测值	0.46	0.24	0.60	16.95	9.60	2.03	0.009	0.015
标准要求	0.37～0.44	0.17～0.37	0.50～0.80	16.00～18.00	10.00～14.00	2.00～3.00	≤0.035	≤0.035

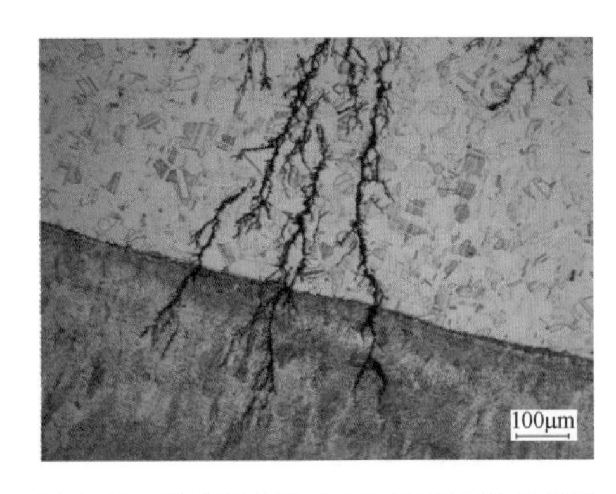

图 2-28　板式换热器应力腐蚀裂纹微观形貌

（三）显微组织分析

对开裂泄漏的板式换热器取样进行显微组织分析，如图 2-28 所示。可以发现，板式换热器基体组织为单相奥氏体组织并伴有大量孪晶，未见大量析出物和老化现象；母材和焊缝处存在多条微裂纹，主裂纹类似树干，内部充满了腐蚀产物，大多数裂纹呈穿晶状，并带有大量枝杈，具有典型的奥氏体不锈钢应力腐蚀裂纹特征。

（四）腐蚀坑形貌及能谱分析

利用能谱分析仪 EDS 分别对图 2-29 所示腐蚀坑内和裂纹尖端的腐蚀产物化学成分进行分析，能谱分析结果见图 2-30 和表 2-14。结果表明，腐蚀坑内和裂纹尖端的腐蚀产物均含有氯元素，形成了产生应力腐蚀的环境条件。

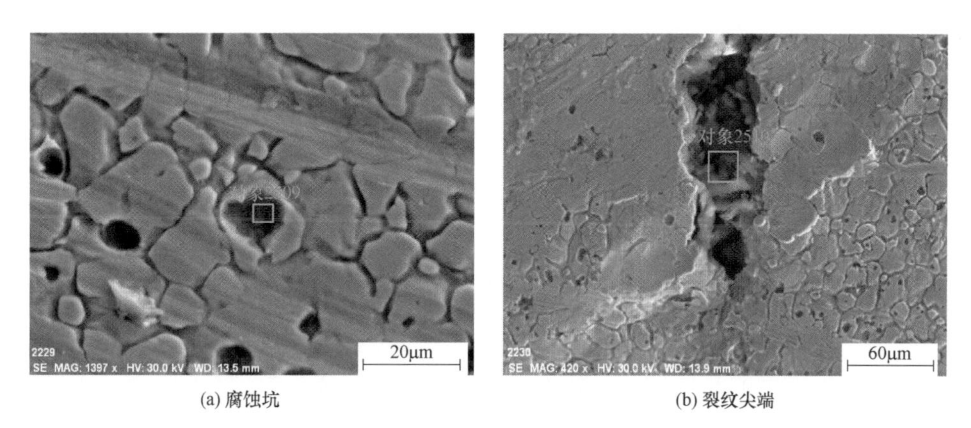

(a) 腐蚀坑　　(b) 裂纹尖端

图 2-29　能谱分析区域

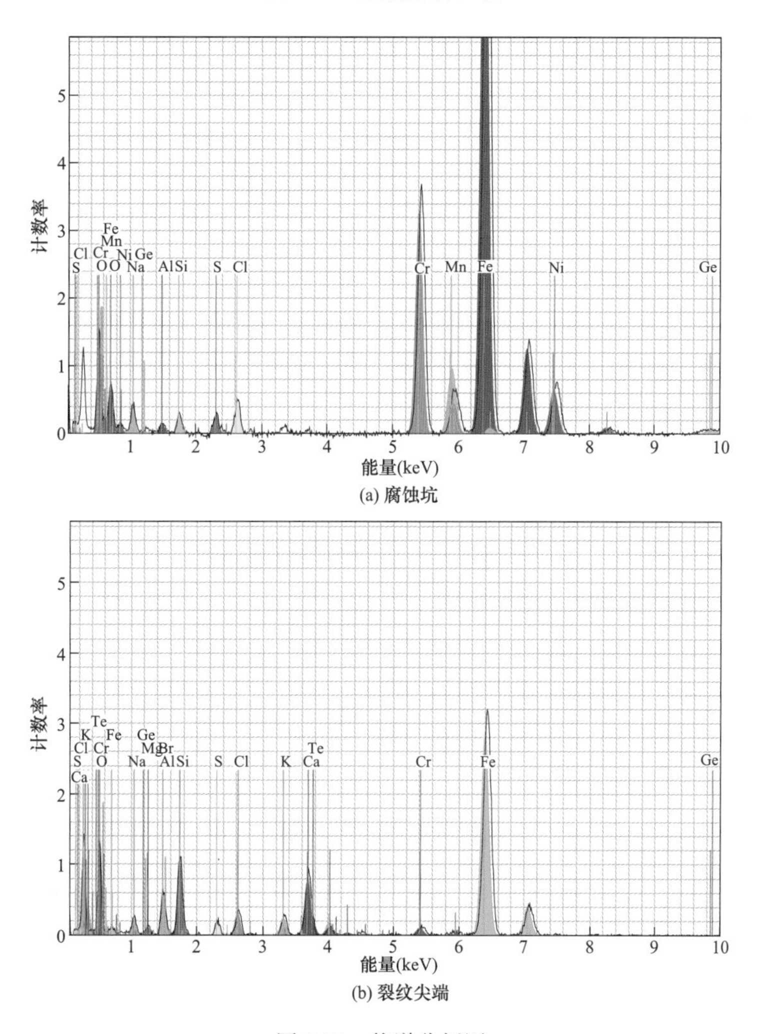

(a) 腐蚀坑

(b) 裂纹尖端

图 2-30　能谱分析图

三、综合分析

金属在湿腐蚀环境中发生最多的是应力腐蚀开裂。应力腐蚀开裂是在拉伸应力和腐蚀

表 2-14　　腐蚀产物主要成分能谱分析结果　　%

检测元素	Fe	Cr	O	Ni	Al	Cl	Mn
腐蚀坑	53.63	11.8	13.86	5.79	0.93	1.29	2.99
裂纹尖端	34.32	0.88	31.08	—	—	1.65	—
检测元素	S	Na	Si	K	Mg	Ca	—
腐蚀坑	0.75	6.52	1.19	—	—	—	—
裂纹尖端	0.99	4.44	1.19	1.22	1.08	4.61	—

介质共同作用下而发生的开裂破坏，两者缺一不可。该板式换热器的拉应力是由制造或焊接过程中产生的残余应力及工作载荷引起的应力。同时换热器表面腐蚀坑内和裂纹尖端均发现了含有 Cl 元素的腐蚀产物，形成了产生应力腐蚀的环境条件。

板片组装后形成了多缝隙结构，如板片之间的触点、密封槽底等部位。而缝隙容易造成 Cl 离子的富集，当板片表面的污垢严重时，介质中的腐蚀元素（Cl、S 等）大量附着于污垢，并在垢底缝隙处富集，容易造成触点处的缝隙腐蚀。同时，板式换热器化学成分中碳元素和硫元素高于标准要求，镍元素含量低于标准要求。碳和铬的亲和力较大，极易与不锈钢中的铬结合形成碳－铬化合物，因此碳元素含量偏高，会导致不锈钢固溶体中的铬含量减少，从而降低钢的耐腐蚀性。硫元素含量偏高，会使钢的韧性和耐腐蚀性下降；镍元素含量偏低，会导致不锈钢的抗腐蚀能力下降。这样耐蚀性较差的板式换热在接触到含有腐蚀性的氯离子介质后，在残余应力及内部介质压力的作用下，发生应力腐蚀开裂泄漏。

四、结论及建议

综上分析，换热器接触到了含有腐蚀性 Cl^- 的介质，破坏了不锈钢表面坚固细密稳定的富铬氧化膜，在加工残余应力及内部介质对钢板造成的拉应力的长时间作用下，发生应力腐蚀开裂。此外，换热器化学成分中碳、硫元素含量偏高，镍元素含量偏低，使得换热器抗腐蚀能力下降，也加快了应力腐蚀速度。

建议，首先，对板式换热器定期清垢以破坏腐蚀的生成条件和孕育期，降低介质中氯离子等有害离子的含量，有效防止板片触点处的缝隙腐蚀；其次，钛是耐点蚀和耐缝隙腐蚀最好的结构材料，在条件允许的情况下，可将不锈钢板更换成钛板，避免同类失效再次发生；最后，建议全面查找板式换热器接触到腐蚀介质的原因，并及时更换泄漏的板式换热器。

第五节　火力发电设备的晶间腐蚀及失效案例

晶间腐蚀是一种由金属内部组织化学成分的差异和内应力导致的局部腐蚀，金属内部组织的差异会形成微电池，这是晶间腐蚀发生的根本原因。晶间腐蚀常发生在奥氏体不锈钢受热面中，在 400～800℃的范围内，组织内部的 C 和 Cr 会相互迁移，C 在晶粒内部的溶解度很小，因此，在高温驱动下，C 向晶界迁移与 Cr 形成 $M_{23}C_6$ 型富铬碳化物。资料显示，Cr 元素在晶粒内部的迁移速率明显小于其在晶界附近的迁移速率，因此，晶界附近的铬与碳形成化合物，而晶粒内部依然是分布均匀的含铬奥氏体组织。晶界与晶粒两处化学成分形成差异便导致电位差，从而形成微电池，发生晶间腐蚀。由于晶间腐蚀发生于组织内部，因此，在金属表面并不会出现明显的腐蚀形貌，但是金属内部晶粒之间已经丧失了结合力，材料强度完全丧失，失去金属材料的基本特征，对不锈钢受热面而言，晶间腐蚀是一种危害性很大的腐蚀现象。

本节通过循环流化床锅炉屏式再热器钢管及亚临界锅炉高温过热器钢管晶间腐蚀开裂失效案例，为大家详细介绍火力发电设备晶间腐蚀的特点、规律及防治措施。

［案例 2-8］ 循环流化床锅炉屏式再热器钢管晶间腐蚀开裂

一、案例简介

某电站 300MW 循环流化床锅炉在运行 8 万 h 后的水压试验过程中，多根屏式再热器钢管发生开裂泄漏，泄漏钢管外壁焊有大量抓钉（固定浇注料用）。泄漏的前墙水冷壁钢管规格为 ϕ57×5.0mm，材质为 TP304H。为找出屏式再热器钢管开裂泄漏原因，避免同类失效再次发生，对其进行检验分析。

二、检测项目及结果

（一）宏观检查

对开裂泄漏的屏式再热器钢管进行宏观形貌检查，可以发现裂纹分布于鳍片及抓钉焊接热影响区附近，裂纹沿周向开裂，如图 2-31 所示。屏式再热器管屏存在弯曲形变，管壁开裂处变形量相对较大，如图 2-32 所示。表 2-15 所示为电站锅炉常用受热面管材料在 400～500℃间的膨胀系数，相比于其他锅炉管材料，TP304H 奥氏体不锈钢线膨胀系数较大，这样在运行过程中，TP304H 管屏受热膨胀时，若轴向膨胀受阻，就会发生弯曲变形，从而在钢管局部产生较大的残余弯曲应力。

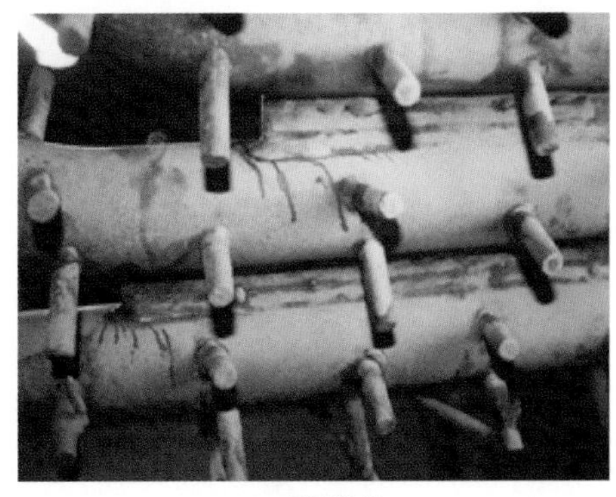
(a) 现场情况

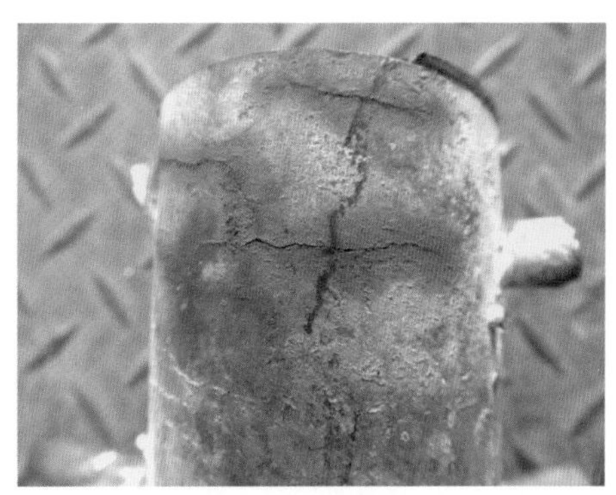
(b) 裂纹形貌

图 2-31　泄漏的屏式再热器钢管宏观形貌

图 2-32 屏式再热器管屏弯曲变形

表 2-15 锅炉管常用材料在 400～500℃之间线膨胀系数

材料	20G	12Cr1MoVG	T91	TP304H
线膨胀系数（×10^{-6}/℃）	13.83～13.93	13.53～14.15	12.0～12.3	18.3～18.8

（二）化学成分分析

对泄漏的屏式再热器钢管取样进行化学成分检测，检测结果见表 2-16。结果表明，屏式再热器钢管的化学成分符合 GB/T 5310—2017《高压锅炉用无缝钢管》要求。

表 2-16 屏式过热器钢管化学成分检测结果 %

检测元素	C	Si	Mn	Cr	Ni	P	S
实测值	0.07	0.40	1.42	18.52	9.13	0.030	0.001
标准要求	0.04～0.10	≤0.75	≤2.00	18.00～20.00	8.00～11.00	≤0.030	≤0.015

（三）显微组织分析

对泄漏的屏式再热器钢管从裂纹处取样进行显微组织分析，发现裂纹由外壁沿晶界向内壁扩展，并伴有晶粒脱落。裂纹附近的奥氏体晶内存在大量滑移线，可见开裂处管段有较大变形量及残余应力。对相邻的屏式再热器管进行金相组织检验，发现多根钢管外壁有沿晶裂纹和晶粒脱落现象，如图 2-33 所示。

三、综合分析

屏式再热器管屏需焊接抓钉以固定防磨浇注料，抓钉焊接与鳍片焊接均在现场完成，焊接后未进行固溶处理。密集的抓钉焊接所产生的循环热会使奥氏体钢管处于敏化温度区间内，在晶界上析出 $M_{23}C_6$ 型富铬碳化物，这种沿晶界析出的铬的碳化物导致其周围基体中的铬浓度的降低，形成所谓"贫铬区"。当铬的碳化物沿晶界析出呈网状时，贫铬区亦连接呈网状。运行中管屏膨胀不畅所造成的弯曲变形使得管屏局部产生较大的残存弯曲应力，

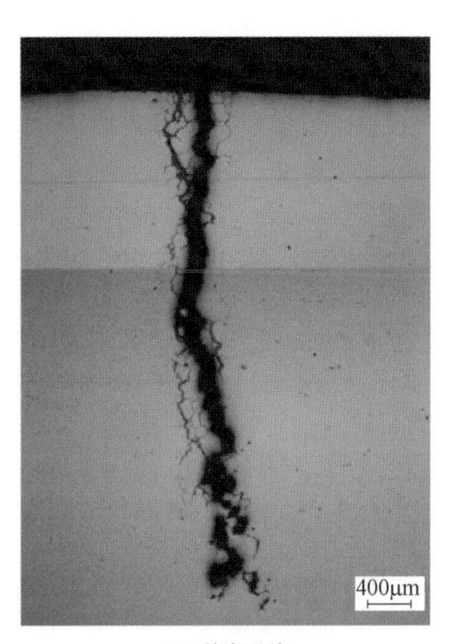

(a) 裂纹形貌

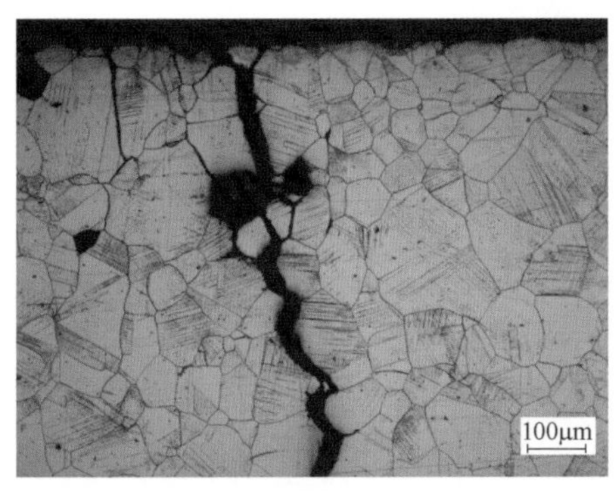

(b) 滑移线

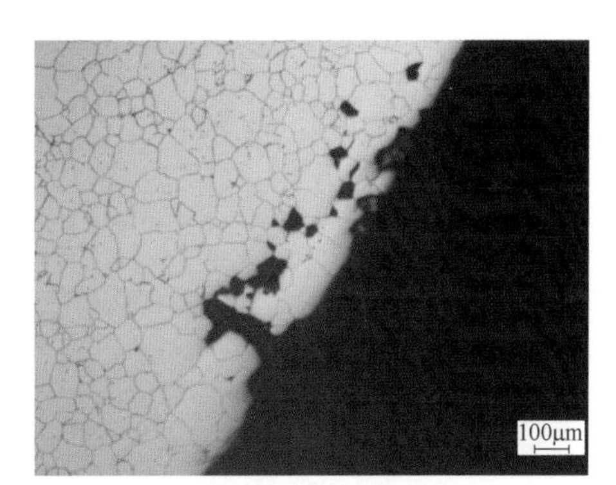

(c) 外壁晶粒脱落

图 2-33　开裂屏式再热器钢管显微组织

而钢管的预变形会加快贫铬区的形成。当贫铬区的体积分数达到一定数值时，奥氏体不锈钢会发生晶间脆化，在热胀应力、弯曲应力的诱导下造成屏式再热器钢管沿周向开裂泄漏。

四、结论及建议

综上分析，本次屏式再热器钢管泄漏主要是因为钢管弯管部位弯制及抓钉焊接后固溶处理不充分，长时间运行过程中发生晶间腐蚀，在管系应力和弯制残余应力诱导下形成周向晶间腐蚀开裂，直至贯穿整个管壁发生泄漏。

建议，首先对同类型屏式再热器受热面进行全面排查，发现问题及时处理；其次，应严格控制抓钉焊接及弯管弯制后的热处理工艺；最后，应避免超温等加速奥氏体不锈钢晶间腐蚀损伤工况的出现，防止同类爆漏失效再次发生。

［案例 2-9］　亚临界锅炉高温过热器钢管晶间腐蚀开裂

一、案例简介

某电站锅炉高温过热器钢管在供暖期连续发生爆漏导致非计划停机，严重影响到该电站安全稳定运行以及供暖要求。爆漏的高温过热器钢管首先开裂于定位块与管壁焊接接头处，爆漏的高温过热器材质为SA212-TP347H，规格为$\phi 57 \times 4.0$mm。为找出高温过热器钢管开裂泄漏原因，避免同类失效再次发生，对其进行检验分析。

二、检测项目及结果

（一）宏观形貌分析

对开裂爆漏的TP347H钢管进行宏观形貌观察，如图2-34所示。可见爆漏高温过热器管沿定位块端部焊缝开裂并断裂成两段，断裂面旁有第二爆口，爆口周边管壁明显减薄，为典型吹损形貌。钢管定位块与管壁焊接接头过渡较为尖锐，断裂面上半部分的断面呈黑红色，为开裂后断面氧化所致，下半部分的断面呈金属光亮色，为取样时新断面；其断面放射状花纹收敛于断裂源处，断裂源位于定位块焊缝边缘，裂纹沿焊缝与管壁交接处延伸扩展。排查周边焊接有定位块的高温过热器管，发现存在高温过热器管定位块焊缝边缘轴向裂纹沿焊缝边缘扩展。

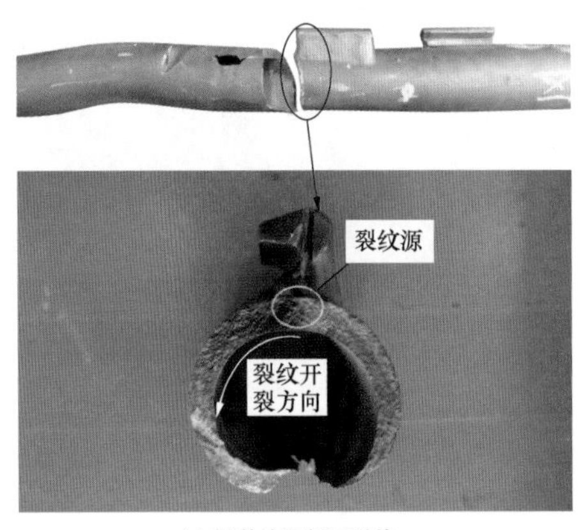

(a) 断裂处及断口形貌

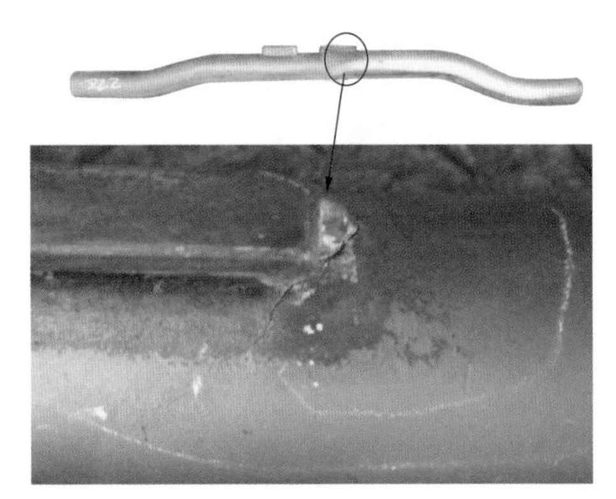

(b) 焊接接头处裂纹

图2-34　开裂爆漏TP347H高温过热器钢管宏观形貌

（二）显微形貌分析

从TP347H高温过热器钢管定位块焊缝处沿轴向取样，经镶嵌磨抛，并使用三氯化铁盐酸水溶液腐蚀后，进行显微形貌分析。如图2-35所示，开裂管段断裂面处主裂纹旁存在数条平行裂纹，裂纹沿晶间开裂；管外壁裂纹较宽，随着裂纹向内壁不断延伸，裂纹逐渐变细。断裂面主裂纹边奥氏体晶内有较多滑移线与孪晶界，这些滑移线表明开裂处管段残留较大应力。管壁金相组织为单相奥氏体+析出相。

使用扫描电子显微镜对裂纹及组织显微形貌进行观察。由图2-36（a）可以看出，裂纹初始区域宽度较宽，达到100μm左右，整体较直，裂纹两端存在明显较厚的覆盖层，使用能谱仪对覆盖层进行元素能谱分析，结果如图2-36（b）所示，覆盖层主要化学元素为铁和氧，即覆盖层主要为铁的氧化物，为运行中在裂纹内生成的氧化腐蚀产物，可见其为陈旧裂纹。随着裂纹不断向内壁延伸，可以看见裂纹在末端区域较为曲折且细窄，裂纹旁有与主裂纹不连通的独立沿晶微裂纹，可知这些沿晶微裂纹并不是由外壁延伸而来［见图 2-36（c）］。

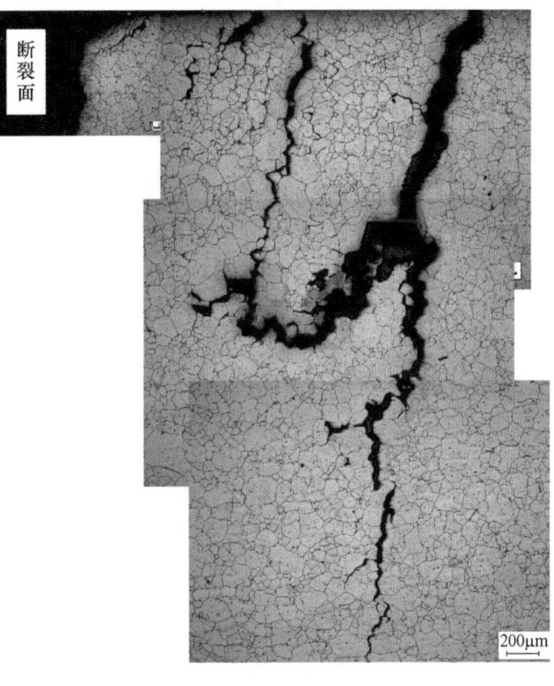

图 2-35　裂纹处金相组织

在更高放大倍数下观察晶界附近碳化物形貌（见图 2-37），并使用 EDS 能谱分析其成分组成，结果如表 2-17 所示。可以看出在远离定位块焊缝处晶界上碳化物主要为块状及细小球状［见图 2-37（a）］，其主要组成元素为 Nb、C，应为 Nb(C、N）化合物，这些析出相颗粒尺寸小且稳定，弥散地分布在晶内和晶界上，对材料的塑韧性损害较小。在焊接接头热影响区和裂纹附近均可以

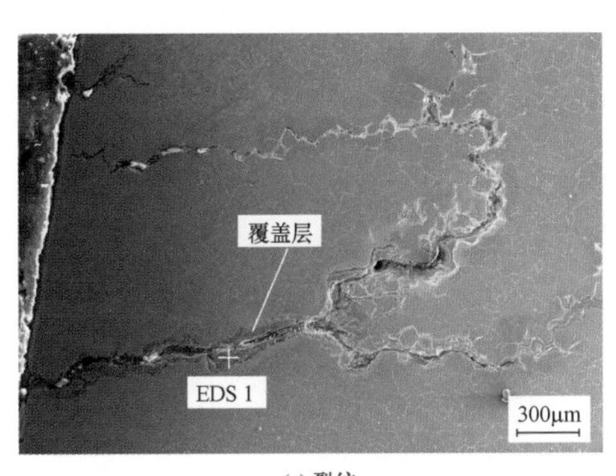

(a) 裂纹

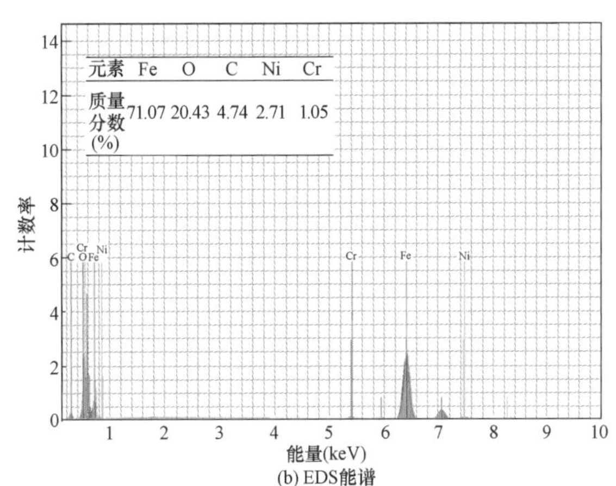

(b) EDS能谱

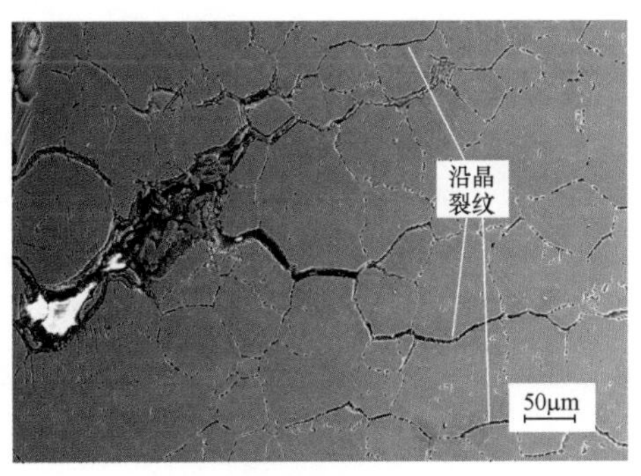

(c) 沿晶裂纹

图 2-36　裂纹处 SEM 形貌

观察到短棒状和连续颗粒状析出相［见图2-37（b)］，使用EDS微区分析其成分，其主要元素为Cr、Fe，应为$M_{23}C_6$(M为Cr、Fe)，$M_{23}C_6$主要优先在晶界上析出并聚集长大，会显著影响到材料的韧性。

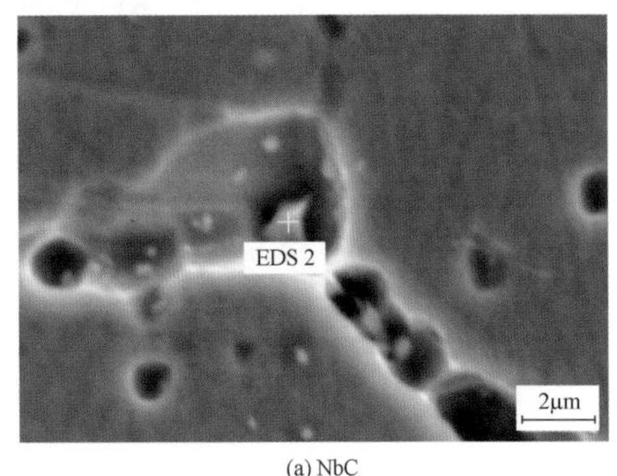

(a) NbC　　(b) $M_{23}C_6$

图2-37　析出相SEM形貌

表2-17　EDS选区成分分析结果　%

能谱位置	C	Cr	Ni	Nb	Fe	Mn
EDS2	6.76	7.01	2.66	60.22	23.34	—
EDS3	7.11	31.03	5.92	—	52.69	3.26

（三）化学成分分析

爆漏高温过热器材质为TP347H，与国内牌号07Cr18Ni11Nb一致，其化学成分要求执行GB/T 5310—2017《高压锅炉用无缝钢管》中要求，为评估爆漏TP347H钢管的材质与化学成分是否符合标准要求，使用SPECTRO MAXx直读光谱仪对爆漏TP347H钢管进行分析，爆漏钢管的各元素检测结果见表2-18，可见，各元素检测值均满足标准要求。

表2-18　爆漏的高温过热器钢管化学成分检测结果　%

检测元素	C	Si	Mn	P	S	Cr	Ni	Nb
实测值	0.06	0.38	1.80	0.022	0.008	17.45	9.92	0.72
标准要求	0.04～0.10	≤0.75	≤2.00	≤0.030	≤0.015	17.00～19.00	9.00～13.00	8C～1.10

（四）力学性能分析

对送检的高温过热器TP347H钢管进行拉力试验，检测结果见表2-19。可见其各力学性能参数均符合GB/T 5310—2017《高压锅炉用无缝钢管》要求。

表2-19　爆漏的高温过热器力学性能检测结果

检测项目		抗拉强度（MPa）	屈服强度（MPa）	断后伸长率（%）
标准中要求		≥515	≥205	≥35
实测值	1	681	359	42
	2	667	347	42

三、综合分析

TP347H 为稳定化奥氏体不锈钢，稳定化元素 Nb 会优先与 C 元素结合成为 Nb（C、N）析出相，这种析出相颗粒尺寸细小，弥散地分布在晶内，既起到弥散强化增加材料强度，又起到稳定化耐晶间腐蚀的作用。在定位块焊接过程中，焊接产生的循环热会使焊接接头周边管材升温至敏化温度区间内，促使管壁发生晶间腐蚀，在晶界上析出 $M_{23}C_6$（M＝Fe、Cr）型富铬碳化物，这种沿晶界析出的铬的碳化物导致其周围基体中的铬浓度降低，形成所谓“贫铬区”。这些 $M_{23}C_6$ 析出相会有限析出在晶界上，使晶界产生一定程度的脆化。定位块焊缝较短，焊接热输入也较低，仅能影响到焊接接头热影响区附近管材，钢管母材未发生明显敏化，其延伸率为 42%，韧性也未降低。但定位块焊接结束后未进行固溶或去应力处理，残余焊接应力未得到释放，且焊接接头边缘过渡比较尖锐，易产生应力集中区域，最终在应力作用下在焊接接头边缘应力集中区域沿晶界发生开裂。

四、结论及建议

TP347H 不锈钢管定位块焊接接头开裂性质为晶间型应力腐蚀开裂，主要是由于定位块焊接时产生的循环热使热影响区管材发生敏化，焊接后未进行固溶处理形成较大的残留应力，从而在焊接接头边缘应力集中区发生应力腐蚀开裂。

敏化的 TP347H 材质会析出短棒状和连续颗粒状的 $M_{23}C_6$ 型析出相，这些析出相优先在晶界处析出并聚集长大，这会使晶界脆化，继而在应力作用下引发应力腐蚀开裂。因此，在 TP347H 钢管焊接后应进行固溶处理或稳定化处理。

第六节　火力发电设备的腐蚀疲劳及失效案例

发电或化工设备中许多金属材料构件都工作在腐蚀环境中，同时还承受着交变载荷的作用。与惰性环境中承受交变载荷的情况相比，交变载荷与侵蚀性环境的联合作用往往会显著降低构件疲劳性能，这种疲劳损伤现象称为腐蚀疲劳。与应力腐蚀开裂不同，腐蚀疲劳不仅是应力状态的区别，而且应力腐蚀开裂只发生在某些特定的材料与介质组合上，而腐蚀疲劳不要求特定的环境和材料组合，甚至纯金属都可能发生腐蚀疲劳断裂。同时，腐蚀疲劳引起的损伤几乎总是大于由腐蚀和疲劳分别作用引起的损伤之和，所以发生腐蚀疲劳的构件的应力水平或疲劳寿命比无腐蚀介质条件下的纯机械疲劳要低得多。

本节通过 300MW 亚临界锅炉壁式再热器钢管腐蚀性疲劳失效案例，为大家详细介绍火力发电设备腐蚀疲劳的特点、规律及防治措施。

［案例 2-10］　300MW 亚临界锅炉壁式再热器钢管腐蚀性疲劳开裂

一、案例简介

某火力发电厂锅炉在进行水压试验时壁式再热器钢管发生开裂泄漏。该锅炉为亚临界参数、四角切圆燃烧方式、自然循环汽包炉，单炉膛紧身封闭Ⅱ型布置，燃用烟煤，一次再热，平衡通风，固态排渣，全钢架、全悬吊结构，炉顶带金属防雨罩。燃烧室采用全焊接的膜式水冷壁，以保证燃烧室的严密性，鳍片宽度适应变压运行的工况。泄漏的壁式再热器钢管规格为 ϕ50×4.0mm，材质为 12Cr1MoVG。为找出壁式再热器钢管开裂原因，避免同类失效再次发生，本文对其进行检验分析。

二、检测项目及结果

（一）宏观检查

对开裂泄漏的壁式再热器钢管进行宏观形貌检查，发现钢管向火侧存在一条贯穿整个管壁的横向裂纹，其长度约为 10mm；钢管泄漏部位管壁略微胀粗，部分腐蚀产物已脱落，呈黑褐色，并存在多条与主裂纹平行的深浅不一的微裂纹；钢管内壁腐蚀产物为红褐色，呈片层状，且发生了不同程度的脱落，裂纹附近区域呈蓝黑色，如图 2-38 所示。

(a) 整体形貌

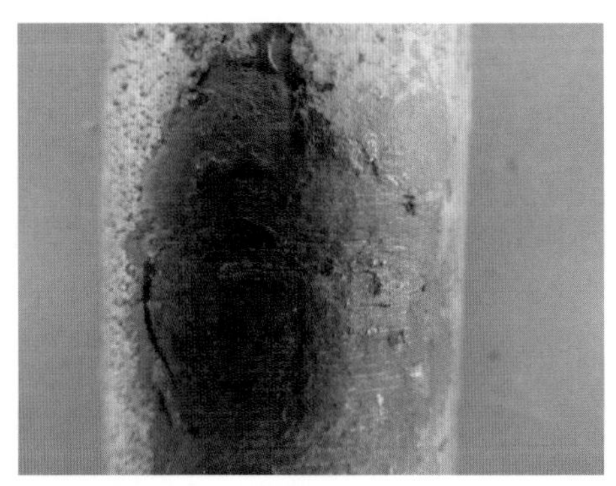

(b) 外壁形貌

(c) 内壁形貌

图 2-38　开裂泄漏的壁式再热器钢管宏观形貌

（二）金相分析

对开裂泄漏的壁式再热器钢管取样进行显微组织检测，钢管泄漏部位存在一条贯穿整个管壁的主裂纹，其附近钢管内外壁存在众多深浅不一的微裂纹，裂纹尖端圆顿，内部已经氧化，最大深度约为 0.8mm，且微裂纹尖端存在大量的晶界氧化裂纹；泄漏点附近母材组织为块状的铁素体＋大量的粒状碳化物，球化等级为 5.0 级，属于严重球化，组织未见明显畸变，钢管内壁氧化皮厚度约为 418μm；距离裂口 350mm 处钢管母材组织为铁素体＋贝氏体，球化等级为 2.0 级，属于轻度球化，如图 2-39 所示。

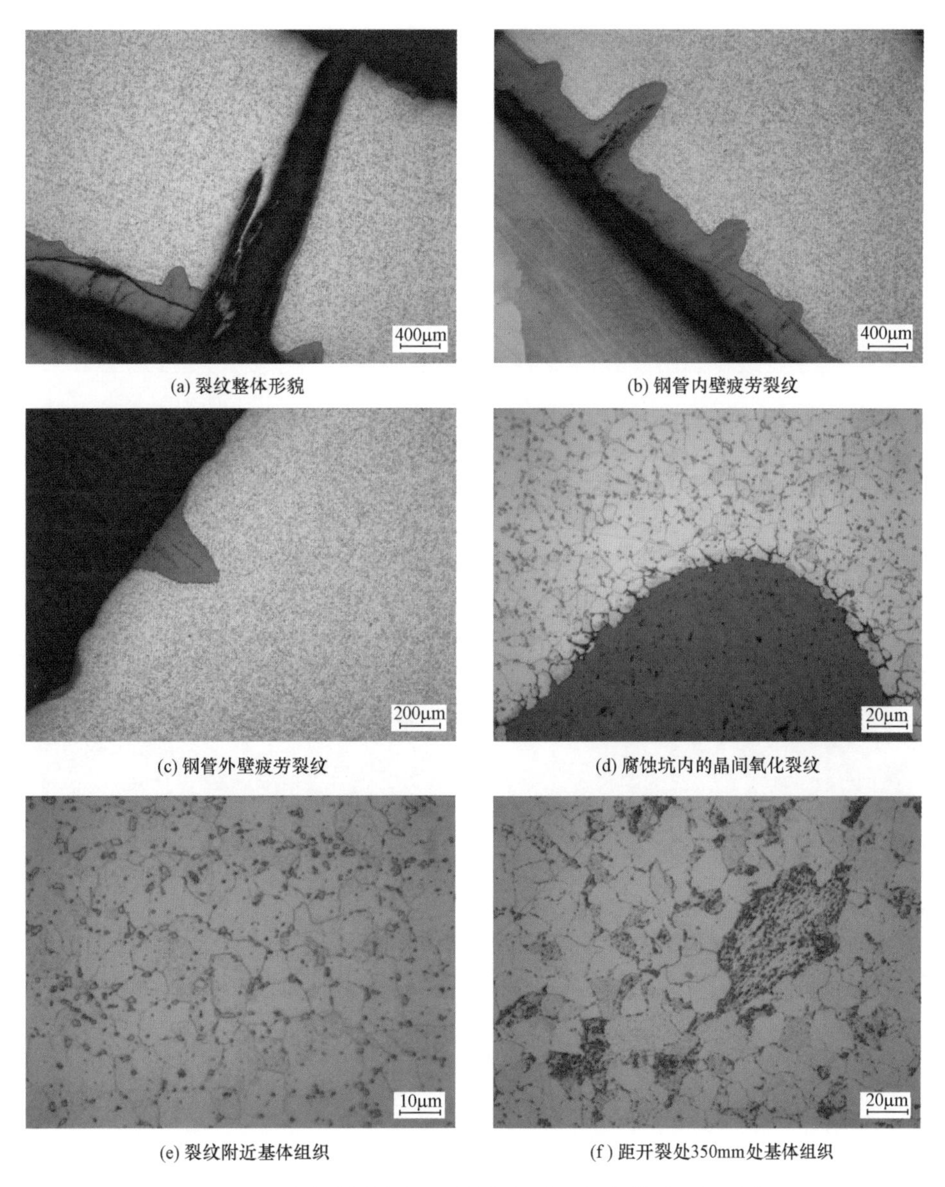

(a) 裂纹整体形貌　(b) 钢管内壁疲劳裂纹

(c) 钢管外壁疲劳裂纹　(d) 腐蚀坑内的晶间氧化裂纹

(e) 裂纹附近基体组织　(f) 距开裂处350mm处基体组织

图 2-39　开裂泄漏的壁式再热器钢管各部位微观组织形貌

（三）化学成分分析

从开裂泄漏的壁式再热器钢管取样进行化学成分检测，检测结果见表 2-20。结果表明，壁式再热器钢管化学成分中各元素含量符合 GB/T 5310—2017《高压锅炉用无缝钢管》对 12Cr1MoVG 的要求。

表 2-20　　开裂泄漏的壁式再热器钢管化学成分检测结果　　%

检测元素	C	Si	Mn	P	S	Cr	Mo	V
标准要求	0.08～0.15	0.17～0.37	0.40～0.70	≤0.025	≤0.010	0.90～1.20	0.25～0.35	0.15～0.30
实测值	0.11	0.24	0.56	0.006	0.001	1.08	0.27	0.19

（四）力学性能分析

对送检的壁式再热器钢管未严重腐蚀部位取样进行拉伸性能测试，检测结果见表 2-21。结果表明，壁式再热器钢管的屈服强度、抗拉强度及断口伸长率等各项拉伸性能指标均符合 GB/T 5310—2017《高压锅炉用无缝钢管》对 12Cr1MoVG 要求。

表 2-21　　壁式再热器钢管常温力学性能测试结果

检测项目	屈服强度（MPa）	抗拉强度（MPa）	断后伸长率（%）
标准要求	≥255	470～640	≥21
实测值	374	494	22
	349	499	22

（五）腐蚀产物形貌与能谱分析

利用扫描电子显微镜（SEM）对壁式再热器钢管内壁的腐蚀产物微观形貌进行检测，结果如图 2-40 所示。可以看出拉线棒表面腐蚀产物较致密，呈片层状，并伴有大量微小颗粒。

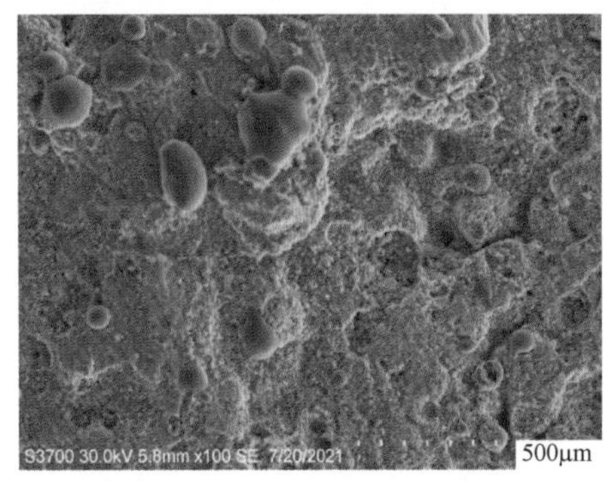

(a) 低倍

(b) 高倍

图 2-40　壁式再热器钢管内壁腐蚀产物 SEM 形貌

利用能谱分析仪（EDS）对壁式再热器钢管内壁的腐蚀产物进行成分分析，检测结果见表 2-22 及图 2-41。可以看出，壁式再热器内壁腐蚀产物主要为铁和氧元素，未见其他元素，应为铁的氧化物。

表 2-22　　内壁腐蚀产物能谱分析结果　　%

检测部件	Fe	O
测试值	83.17	16.83

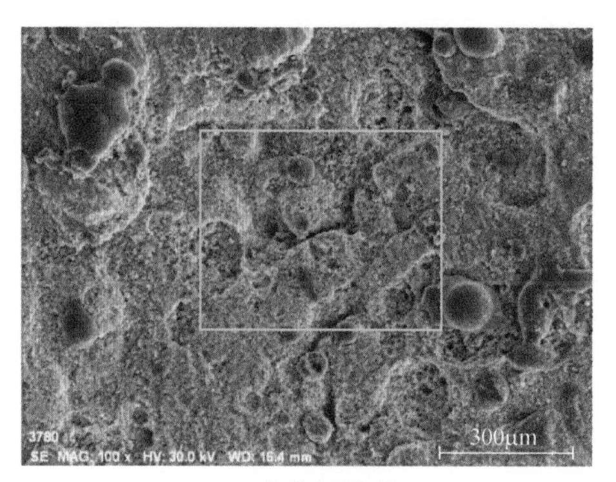

(a) 能谱分析部位

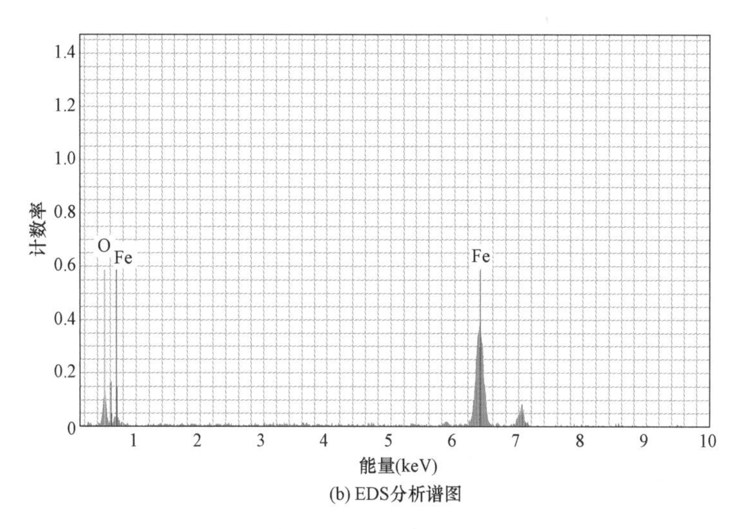

(b) EDS分析谱图

图 2-41　壁式再热器钢管内壁腐蚀产物 EDS 分析谱图

三、综合分析

爆漏的壁式再热器钢管化学成分符合设计材质的要求，这样就排除了因材质错用导致的爆管。从爆漏的壁式再热器宏观及微观分析结果可知，钢管泄漏部位内壁腐蚀结垢严重，内外壁均存在多条与主裂纹平行的深浅不一的微裂纹，与腐蚀性热疲劳开裂的特征相符。此外钢管内壁腐蚀产物主要为铁的氧化物，判断为氧腐蚀所致，并与停炉保护或锅炉水质有关。

综上分析，由于锅炉水质或其他原因，钢管内壁不断发生氧腐蚀形成大量微小的腐蚀凹坑，其中泄漏区域钢管内壁结垢现象较为严重，造成该区域换热能力严重下降，使其长期超温运行并发生严重球化。此外，因结垢区域与未结垢区域换热能力存在较大差异，这样在锅炉启停及调峰过程中钢管因温度场分布不均形成较大交变热应力作用下，同时考虑锅炉内烟气温度分布不均匀的影响，在钢管内外壁产生疲劳裂纹并不断扩展，直至贯穿整个管壁，造成壁式再热器钢管的泄漏。

四、结论及建议

本次壁式再热器钢管开裂泄漏的主要原因为锅炉停炉保护措施不当或水质不良造成钢

管内壁局部区域发生腐蚀结垢而严重影响该区域的换热能力，这样在锅炉启停或负荷大幅度变化时，因结垢区域与未结垢区域换热能力不一致，在钢管管壁形成较大的温度差，导致再热器钢管在交变热应力的作用下发生热疲劳开裂泄漏。

建议，首先，应加强对壁式再热器钢管腐蚀结垢情况的监督力度，发现内壁腐蚀严重或垢层较厚的钢管应重点检查内外壁是否存在疲劳裂纹，发现异常应及时处理；其次，锅炉停炉期间应做好停炉保养工作，并加强水质处理及化验的监督力度，定时按要求排污，避免类似腐蚀疲劳失效再次发生。

第三章

新能源发电设备腐蚀失效案例分析及预防

与传统的煤炭、石油、天然气等化石能源相比，新能源具有污染小、储量大的特点，可有效解决当今世界日益严重的环境污染和能源匮乏问题。目前，常见新能源发电主要包括太阳能发电、风力发电、生物质能发电、地热发电及潮汐发电等几种形式。我国新能源发电设备集中分布在西北地区和沿海地区，其腐蚀类型主要包括磨损腐蚀、氯腐蚀、应力腐蚀及氢腐蚀等。

本章通过风力发电机组主轴连接螺栓氢腐蚀断裂及光伏电站不锈钢波纹换热片应力腐蚀泄漏两个失效案例，为大家详细介绍新能源发电设备腐蚀的特点、规律及防治措施。

［案例 3-1］ 风力发电机组主轴连接螺栓氢腐蚀断裂

一、案例简介

风力发电机主轴在传动系统中主要起到传递扭矩及吸收振动的作用，其受力情况极为复杂，既承受轴向力、径向力和剪切力，还承受弯矩和扭矩，因此主轴及其紧固件的可靠性对风力发电机组至关重要。某 850kW 风力发电机在投运 6 年后，风机主轴连接螺栓发生断裂。该螺栓规格为 M42×180mm，材质为 42CrMo，强度等级为 10.9 级。为找出螺栓断裂原因，避免同类失效再次发生，对其进行检验分析。

二、检测项目及结果

（一）宏观检查

对断裂的主轴连接螺栓进行宏观形貌检察，根据放射条纹走向可判断，主轴连接螺栓断裂于螺栓自刚性杆处数第一道螺纹的牙底处，断面内初始断裂区、裂纹扩展区及瞬断区等特征区域清晰可辨，除瞬断区外，断口洁净、平坦无塑性变形，色泽为亮灰色，未见明显腐蚀产物，自初始断裂区有明显的向扩展区延伸的“人字”形条纹，如图 3-1 所示。

（二）化学成分分析

对断裂的主轴连接螺栓取样进行化学成分检测，检测结果见表 3-1。结果表明，螺栓化学成分中各元素含量与 42CrMo 化学成分含量的要求相符合。

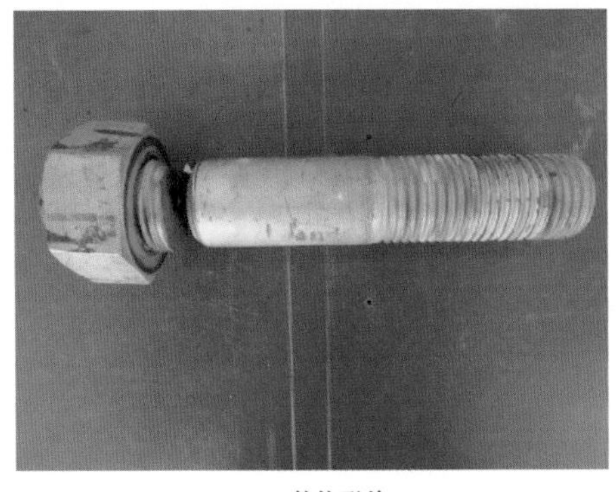
(a) 整体形貌

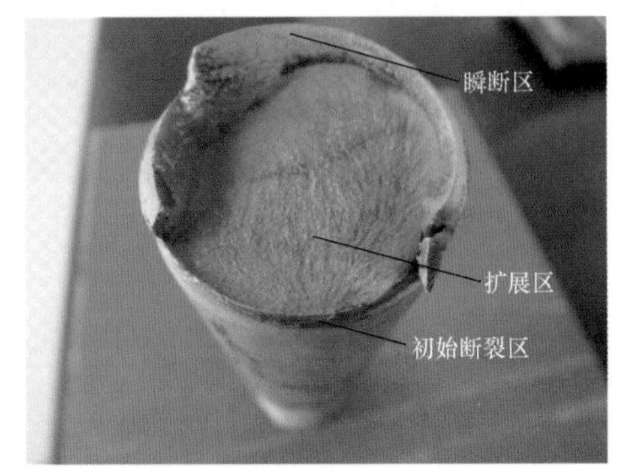

(b) 断口形貌

图 3-1 断裂的主轴连接螺栓宏观形貌

表 3-1 **断裂的主轴连接螺栓化学成分检测结果** %

检测元素	C	Si	Mn	Cr	Ni	Mo	P	S
实测值	0.42	0.24	0.59	1.03	0.05	0.17	0.009	0.006
标准要求	0.38～0.45	0.17～0.37	0.50～0.80	0.90～1.20	≤0.30	0.15～0.25	≤0.030	≤0.030

（三）显微组织分析

对断裂的主轴连接螺栓取样进行金相显微组织检测，螺纹及基体金相组织均为等轴状均匀分布的细小的回火索氏体，螺纹牙顶及牙底部位未见明显的脱碳层组织，此外螺纹牙顶存在折叠缺陷，长度约为 330μm，如图 3-2 所示。

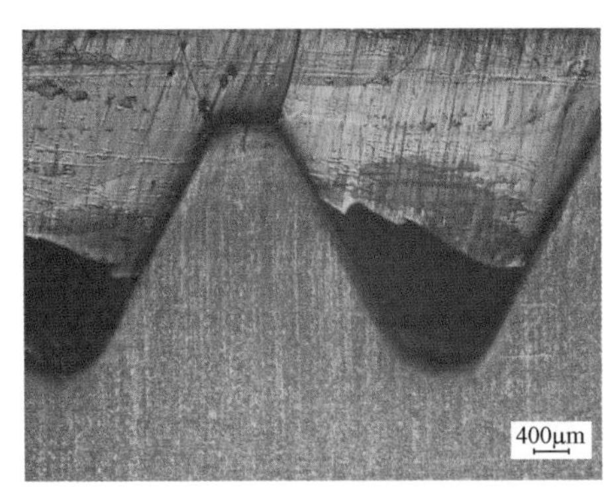

(a) 螺纹牙顶裂纹

(b) 基体显微组织

图 3-2 主轴连接螺栓各部位微观组织形貌

（四）力学性能试验

对主轴连接螺栓取样进行力学性能检测，检测结果见表 3-2。可以看出，螺栓的维氏硬度和低温（−20℃）冲击韧性均符合 GB/T 3098.1—2010《紧固件机械性能 螺栓、螺钉和螺柱》要求。

表 3-2　　　　　　　　主轴连接螺栓的各项力学性能测试结果

检 测 项 目	维氏硬度 HV30	冲击吸收功（−20℃）(J)
实测值	379	42
标准要求	320～380	≥ 27

（五）断口形貌分析

利用扫描电子显微镜（SEM）对主轴连接螺栓的断口进行检测，断口各区域的微观特征形貌如图 3-3 所示。可以看出，在螺纹牙底断口的初始断裂区存在明显的“冰糖块状”沿晶断裂形貌，晶面上有多处孔洞，并伴有晶间二次裂纹；扩展区可以观察到明显的河流花样及少量韧窝，具有典型的准解理断裂特征。

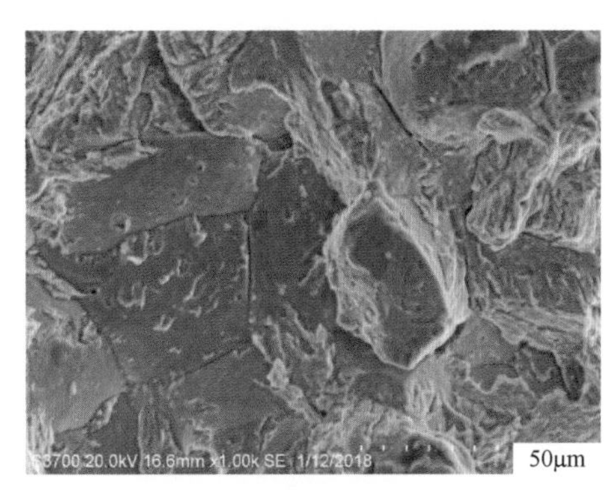

(a) 初始断裂区

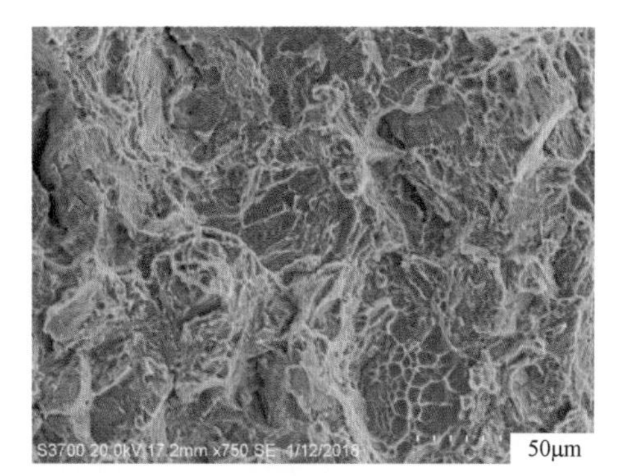

(b) 扩展区

图 3-3　主轴连接螺栓断口微观形貌

（六）氢含量试验

对断裂的主轴连接螺栓进行氢含量测定，结果表明，螺栓的氢含量较高，边缘高于芯部，芯部氢含量为 6.2×10^{-6}，边缘氢含量为 9.1×10^{-6}。

（七）有限元分析

利用有限元法对主轴连接螺栓的受力状态进行模拟分析，分析结果如图 3-4 所示。可以看出，当主轴连接螺栓承受剪切及弯曲应力时，最大应力出现在螺栓刚性杆处数第一道螺纹的牙底处，应力水平为其他区域的数十倍。如若该部位存在氢脆现象，在恶劣工况下极易沿着应力集中区域开裂。

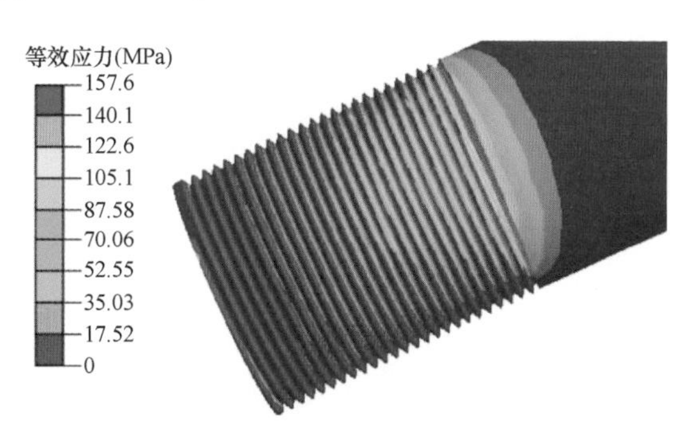

图 3-4 主轴连接螺栓应力分布情况

三、综合分析

断裂螺栓的化学成分、维氏硬度及低温冲击韧性均与设计材质的要求相符合。螺栓未见异常组织，螺纹牙顶存在折叠缺陷，推测该折叠是由搓丝板上的缺陷所致，根据相关规程要求该折叠缺陷是允许存在的，对本次螺栓断裂失效影响不大。

主轴连接螺栓在风机运行过程中主要承受拉伸、剪切和扭转等静态应力以及振动载荷，其受力情况极为复杂，通过仿真计算可知，自刚性杆处数第一道螺纹的牙底处为整个螺栓的应力集中区，与实际情况相符。

断裂螺栓的氢含量较高，边缘高于芯部，螺栓断口内初始断裂区为沿晶断裂，扩展区为准解理断裂，整个断口呈现较为明显的氢脆致断裂的特征。

本次主轴连接螺栓断裂的主要原因为该高强连接螺栓因制造工艺不当，氢渗入螺栓表面，这些氢在浓度梯度和应力梯度的驱动下不断地向应力最为集中的螺栓自刚性杆处数第一道螺纹的牙底处扩散，形成氢的高度偏聚，渗入的氢优先占据金属晶体点阵中的孔隙、晶界、空穴、位错、沉淀相及夹杂物与基体的界面、气孔等缺陷，造成该区域材料脆化。这样在风机运行过程中，主轴连接螺栓在弯曲、剪切和拉应力共同作用下，沿螺栓自刚性杆侧数第一道螺纹牙底开裂，并以“人字”形条纹脆性断裂方式扩展，直至整体断裂失效。

四、结论及建议

综上分析，本次主轴连接螺栓断裂的主要原因为制造工艺不当，造成大量氢渗入螺栓，使螺栓的氢脆敏感性增大，最终发生氢致脆性断裂。

为避免螺栓再次发生断裂，应加强对风力发电机高强连接螺栓的金属技术监督，鉴于高强螺栓氢脆损伤常会成批次出现的情况，应对同批次高强连接螺栓进行全面检验排查，发现问题及时处理；更换新螺栓时，建议同一部位所有螺栓作整体更换，而且新更换的螺栓应经严格的使用前检验，合格后才可采用。同时建议追溯螺栓生产使用流程，排查可能接触酸性物质的环节，以避免因氢的渗入造成螺栓断裂失效。

［案例 3-2］ 光伏电站不锈钢波纹换热片应力腐蚀泄漏

一、案例简介

某光伏电站用板式换热器换热片发生了多处泄漏故障。出现故障的板式换热器型号为T35-PFM-363PL，出厂日期为 2019 年 12 月，所用波纹换热片的材质为 0.5mm 厚的TP304 不锈钢板。为找出板式换热器泄漏原因，避免同类失效再次发生，对其进行检验分析。

二、检测项目及结果

（一）宏观检查

从现场照片可以观察到波纹换热片呈立墙式分布，表面还可以观察到经冷冲压而形成的凹槽结构，如图 3-5（a）所示。实验室取样进行宏观形貌观察后可以看出，波纹换热片表面存在多处“牛顿环”结构及孔蚀痕迹，且大多数腐蚀坑均位于“牛顿环”附近，如图 3-5（b）所示。通过对图 3-5（b）中的区域 1 近距离观察后不难看出，孔蚀坑形状不规则且大小不一，一些腐蚀坑的腐蚀程度较小，深度较浅；也有一些腐蚀坑的面积较大，深度较深，基本已经锈穿，见图 3-5（c）。需要指出的是，各孔腐蚀坑均位于冲压槽的凸起处，且对比图 3-5（c）中 1、2 两个腐蚀坑可知，越远离“牛顿环”中心，换热片的腐蚀程度越小。此外，在波纹换热片表面未见变形、磨损等其他机械损伤痕迹。

(a) 现场照片

(b) 局部腐蚀情况

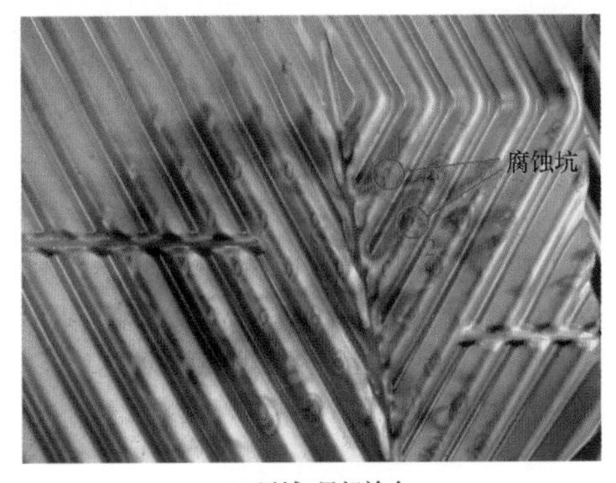

(c) 区域1局部放大

图 3-5　波纹换热片各部位宏观形貌

（二）化学成分分析

表 3-3 所列为不锈钢波纹换热片的化学成分检测结果。从表 3-3 中可以看出波纹换热片的各元素含量均符合 GB/T 20878—2007《不锈钢和耐热钢　牌号及化学成分》对 TP304 奥氏体不锈钢化学成分的要求。

表 3-3　波纹换热片的化学成分检测结果　%

检测元素	C	Si	Mn	Cr	Ni	P	S
标准值	0.04～0.10	≤0.75	≤2.00	18.00～20.00	8.00～11.00	≤0.030	≤0.015
实测值	0.07	0.55	1.15	19.45	8.27	0.018	0.008

（三）显微组织分析

图 3-6 所示为波纹换热片各部位金相组织，从图 3-6 中可以看出腐蚀坑边缘呈不规则半椭圆形，深度约为换热片壁厚的 1/2，且初生孔蚀孔及次生孔蚀孔的形成痕迹清晰可见，与

稳态孔蚀特征相符；腐蚀坑边缘较为光滑，放大后在局部区域可见明显的穿晶开裂特征。换热片的基体组织由等轴奥氏体晶粒组成，部分晶粒内还存在退火孪晶组织；此外，在近腐蚀坑及远腐蚀坑的区域均可以观察到了一定量的奥氏体变形组织。此外，在近腐蚀坑及远腐蚀坑的区域均可以观察到了一定量的奥氏体变形组织。

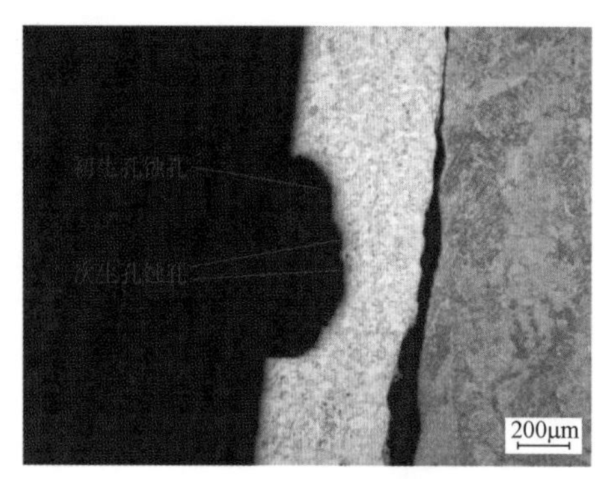

(a) 腐蚀坑整体形貌(截面)

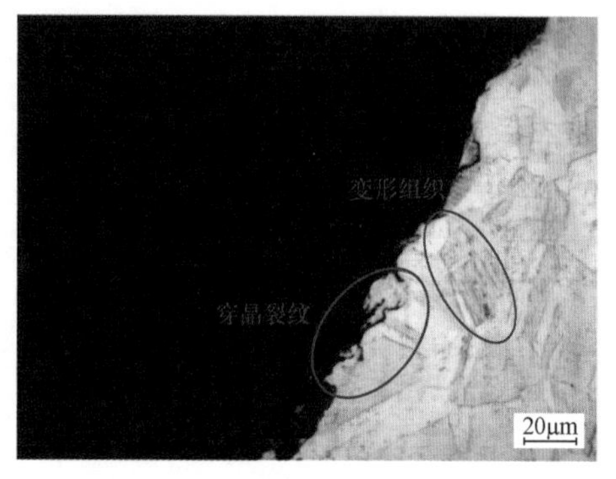

(b) 腐蚀坑边缘

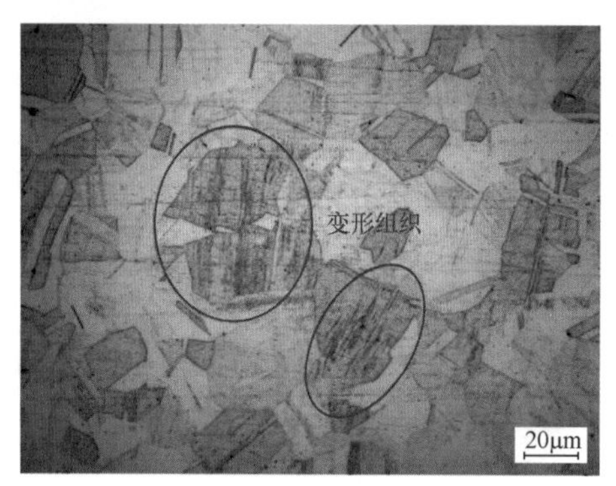

(c) 基体组织

图 3-6　波纹换热片各部位金相组织

（四）腐蚀产物形貌及能谱分析

利用 SEM 对图 3-6（c）中 1 和 2 两个腐蚀坑的微观形貌进行观察。从图 3-7（a）中可以看出，腐蚀坑 1 为一个形状不规则的圆形，且表面凹凸不平，表明腐蚀过程为逐层发生。腐蚀坑 2 为孔蚀的初期阶段，腐蚀程度较小，区域内主要为黑色的腐蚀产物，见图 3-7（c）。表 3-4 所示为波纹换热片表面垢层及腐蚀产物化学元素组成能谱分析结果，可以看出两个腐蚀坑中均存在大量的 O 元素和一定量的 Cl 元素，表明波纹换热片表面发生过高温氧化，图 3-5 中对应虚线方框区域主要为高温氧化膜，且波纹换热片的腐蚀主要与 Cl 元素有关。未发生腐蚀的波纹换热片其他区域的 SEM 微观形貌观察结果如图 3-7（d）所示，从图 3-7（d）中可以看出换热片表面存在一层呈“泥块状”分布的垢层，EDS 能谱的检测结果表明垢层的成分主要为 Fe、Cr、Ni、Mn 等 TP304 不锈钢的重要组成元素，表明垢层厚度较薄。此外，在垢层中同样检测到了少量 Cl 元素。

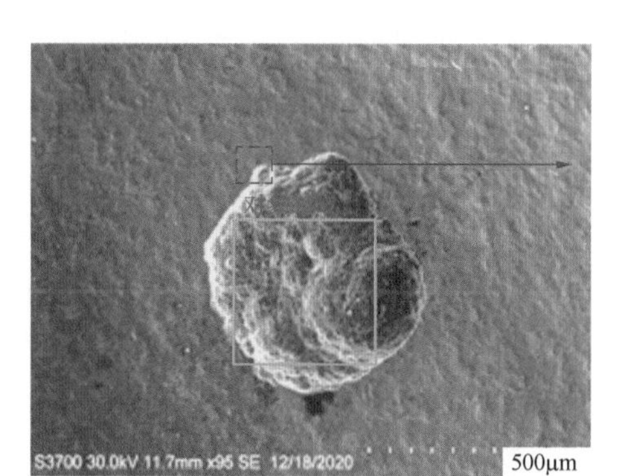

(a) 腐蚀坑1表面形貌

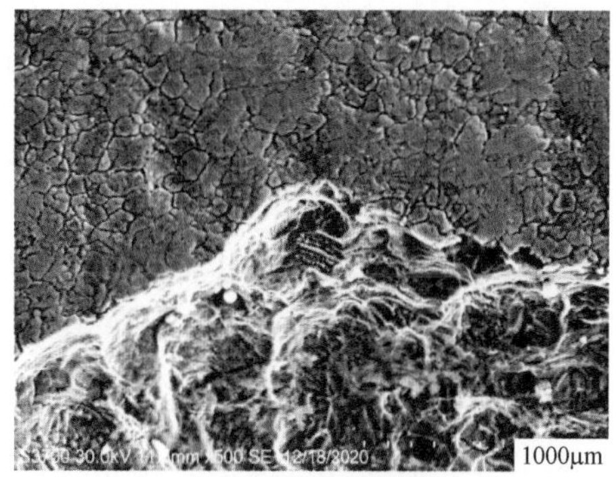

(b) 腐蚀坑1局部区域放大

(c) 腐蚀坑2表面形貌

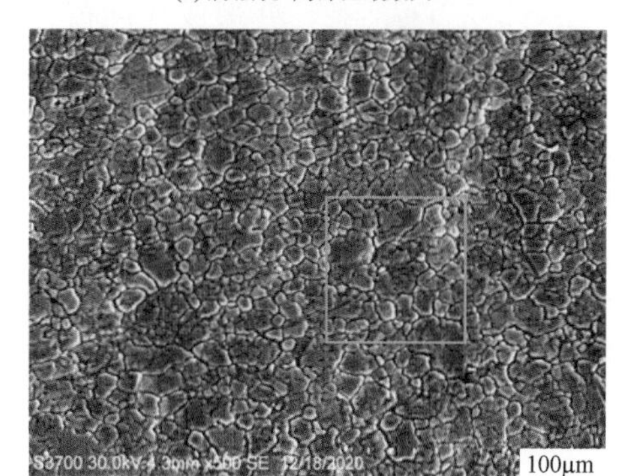

(d) 腐蚀坑2表面垢层形貌

图 3-7　波纹换热片不同区域 SEM 微观形貌及 EDS 能谱

表 3-4　　波纹换热片表面垢层及腐蚀产物化学元素组成能谱分析结果　　%

取样位置	Fe	Cr	Ni	Mn	Si	Cl	C	O
腐蚀坑 1	42.77	13.40	4.30	0.72	2.71	1.72	11.88	22.50
腐蚀坑 2	37.86	7.82	2.44	1.59	9.08	0.22	10.69	30.30
垢层	53.35	14.01	6.24	2.37	0.61	0.16	20.23	3.03

三、综合分析

综合以上实验结果可知，波纹换热片的泄漏故障主要与高温氧化与 Cl^- 共同作用而引发的应力腐蚀有关。奥氏体不锈钢材料具有优良耐腐蚀性能的主要原因是其表面存在一层具有保护性的钝化膜。但是，当不锈钢材料的基体组织内存在变形位错等不均匀性缺陷时，钝化膜的防腐作用便会减弱或消失，从而使材料的耐蚀性能下降。波纹换热片采用冷冲压成型工艺加工，冲压过程中基体中容易产生晶格缺陷及晶格畸变，从而诱发形变孪晶或形变诱导马氏体组织。而波纹换热片经过冲压后并未进行合理的热处理，这就使得换热片中存在一定量的变形位错组织，且尤以冲压槽凸起处的位错密度最高，冷冲压残余应力最大［见图 3-8（a）］。这些不均匀缺陷的存在一定程度上降低了波纹换热片表面钝化膜的防腐作用。其次，在板式换热器安装过程中，波纹换热片表面存在多处高温氧化区域，如图 3-

8（b）所示。高温氧化膜的形成原因有以下两种可能：①现场施工时，安装工人采用了气割的裁剪方式，从而导致波纹换热片表面因烘烤形成了高温氧化区域；②波纹换热片在安装过程中出现了局部弯曲变形，施工人员为了能够快速对变形部位进行复原，可能采用了高温烘烤的修复手段，从而导致了高温氧化膜的形成。这些高温氧化膜的形成导致波纹换热片的钝化膜受到破坏并变得粗糙，抗腐蚀能力也进一步下降；并且，由于牛顿环中心位置的氧化程度最高，因此粗糙度最大，从而易于聚集大量的 Cl^- [见图 3-8（c）]。研究表明介质中的氯离子是造成奥氏体不锈钢材料腐蚀穿孔的主要因素。这是因为 Cl^- 的半径小且穿透力较强，很容易穿过微小的孔隙与金属基体接触并形成可溶性化合物，从而将该部位的金属基体变为激活态，并形成孔蚀核。最终，随着孔蚀的不断发展，在冷冲压残余应力的作用下还会诱发一定程度的应力腐蚀（SCC），如图 3-8（d）所示，从而进一步加剧了波纹换热片的腐蚀泄漏。

此外，波纹换热片的孔蚀还与介质的流动速度有关。一方面，较低的流速使得金属表面溶解氧的输送量显著减小，抑制了钝化膜的形成；另一方面，较低的流速还使金属表面易于沉积腐蚀产物。尤其是点蚀发生后，腐蚀层在蚀孔附近沉积并形成闭塞的原电池，导致孔内的 Cl^- 浓度升高，“自催化酸化作用”进一步加剧，从而加速孔蚀行为。

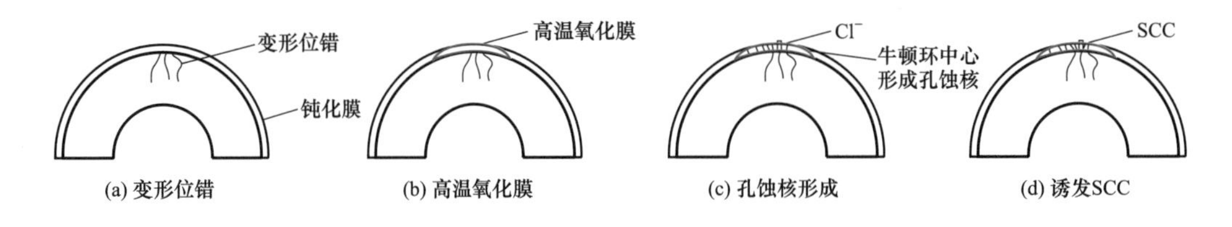

图 3-8　波纹换热片孔蚀过程示意图

四、结论及建议

板式换热器运行过程中，波纹换热片表面高温氧化膜的中心位置（牛顿环中心）粗糙度较大，且该点为冷冲压槽的凸起处，位错密度较高，Cl^- 于该位置不断聚集，形成孔蚀核并诱发孔蚀。此外，在换热片基体中残余的冲压应力作用下，还会触发局部区域的应力腐蚀。随着孔蚀及应力腐蚀程度的不断加剧，换热片厚度逐渐减薄，并最终引发泄漏。

建议，应对 Cl 元素来源和波纹换热片表面高温氧化膜的形成原因进行排查，并加强对水质及水流速度的监测工作。

第四章

输变电设备大气腐蚀失效案例分析及预防

第一节　输变电设备的大气腐蚀的影响因素

全世界在大气中使用的钢材量一般超过其生产总量的60％。金属材料或构筑物在大气条件下发生化学反应或电化学反应引起材料的破损称为大气腐蚀。根据GB/T 15957《大气环境腐蚀性分类》，可将大气环境可分为乡村大气、城市大气、工业大气和海洋大气。金属置于大气环境中时，其表面通常会形成一层极薄的不易看见的水膜。当这层水膜达到20～30个分子厚度时，它就变成电化学腐蚀所需要的电解液膜。这种电解液膜的形成，或者是由于水分（雨、雪）的直接沉淀，或者是大气的湿度或温度变化以及其他种种原因引起的凝聚作用而形成。如果金属表面只是处于纯净的水膜中，一般不足以造成强烈的电化学腐蚀。然而大气环境下形成的水膜往往含有水溶性的盐类及溶入的腐蚀性气体，会加剧金属材料的腐蚀程度。影响大气腐蚀速率的主要因素如下：

一、相对湿度

相对湿度指的是空气中水汽压与相同温度下饱和水汽压的比值，一般用百分比来表示。大气腐蚀中的一大必备因素是需要具有能在暴露于临界湿度下钢铁或金属表面的以薄膜形式存在的电解质。尽管这层薄膜对于肉眼不可见，但其中含有高浓度的腐蚀性污染物，尤其是在干燥和潮湿交替的环境下。

临界相对湿度被视为是一个变量，受物质经历腐蚀的影响，如产品的易蚀性、表层沉积物的吸水性以及表面是否存在污染物。比如，在不存在污染物的环境中的临界相对湿度值为60％。当薄膜中存在电解质时，大气腐蚀会通过阴极和阳极反应持续发生。阳极氧化反应会对金属造成腐蚀影响。

无论是以露水、雨水还是以凝结液滴形式存在的水分在大气腐蚀中都起着十分重要的角色。尽管雨水可以清理在大气环境（如海洋环境）中位于暴露区域中堆积的污染物，雨水也会在缝隙和孔穴中积聚。在有镀锌螺栓和钢铁部件或结构存在的区域中，雨水能够加快腐蚀进程。此外，雨水一般能用于冲刷或稀释污染物，当凝结液滴和露水未能被雨水清理时，它们将成为多余、有害的水分。与硫酸氢盐、海盐及其他酸接触，饱和的露水薄膜能够产生强电解质环境，促进腐蚀的发生。

二、温度

温度是腐蚀行为的重要影响因素，温度不仅直接影响金属材料腐蚀反应的进行，而且也通过其他因素间接影响腐蚀。通常来说，温度每升高 10℃，腐蚀活性就会加倍。

此外，金属物体会受到温度滞后的影响，因为金属本身具有热容，不会随周围环境温度变化而立刻发生改变。当夜晚环境温度下降时，金属物体或结构的表面温度会比周围湿空气的温度更高。当周围空气的温度升高时，这些金属中的滞后温度将使金属成为冷凝器，在它们自身表面保持一层水膜。因此，湿度期将被延长，长于周围环境空气低于露点时的时长；此外，湿度期时长还受金属厚度、结构、气流以及太阳辐射等因素的影响。

三、气溶胶粒子沉积

室外环境中的气溶胶粒子的沉积行为可通过其有关的移动、成形和捕集的法则进行理解。气溶胶粒子可存在于大气边界层中，其浓度受如时间、地点、大气条件、风速及高度等因素的影响。研究表明，气溶胶的捕集、沉积以及风速这三者之间有密切的联系。这些研究中的对象包括了含盐量较高的风，此类风显示了氯化物的沉积率与不同风速之间存在着极大的关联。

气溶胶作为大气腐蚀中的主要因素，来自交通运输、各种工业排放的烟尘或由大气中发生的化学反应而产生，常见的气溶胶包括风扬起的细灰和微尘和海水溅沫蒸发而成的盐粒等。而二次气溶胶是通过对大气气体进行冷凝与其产生反应或通过将气体转变为冷凝颗粒而形成的。气溶胶在周围区域中处于悬浮状态时，它们可以通过不同手段被减少、改造或彻底去除。气溶胶无法在环境中一直存在，其平均存在时间为数天到一周，具体存在时间取决于颗粒所处的位置及其大小。

绝大多数气溶胶存在于海岸线地带，其通常为存在周期较短且受引力影响的大颗粒物。此外，其他能影响气溶胶的因素还包括重力、空气阻力、固体表面碰撞和干涸液滴等。

四、盐分

盐分对材料腐蚀有极强的促进作用，Cl^-有极强的穿透性和破坏性，Cl^-浓度的升高对材料腐蚀都有明显的加速作用，溶解于液态水的含盐粒子使得液态水变为有强腐蚀性的强电解质。

在海洋附近大气中，含有氯化钠的海水水滴在海浪水沫飞散时混入大气，所以大气中含有较多的 Cl^-或 NaCl 颗粒。若 NaCl 颗粒落在金属表面上，它有吸湿作用，增大了表面液膜层的电导，氯离子本身又有很强的侵蚀性，因而使腐蚀变得严重。研究表明离海岸线距离越远，空气中海盐粒子减少，材料腐蚀速度也小。

在大气中除基本组成外，由于地理环境不同，常含有其他杂质，如在工业区常混入如硫化物、氮化物、碳化物等，称为大气污染物质。其中有工厂废气排出的硫化物、氮化物、CO、CO_2等，也有来自自然界如海水的氯化钠以及其他固体颗粒，对金属大气腐蚀影响较大。

五、干湿交替

由于温差等变化会使材料表面产生干湿交替变化，研究表明干湿交替频率的升高会加速材料的腐蚀及涂层的破坏。

六、污染物浓度

污染物的存在是大气腐蚀中的另一个因素。比如，由汽油、柴油、天然气和硫燃烧产生的二氧化硫被视为有害污染物，会对金属造成腐蚀。

其他燃料燃烧产物还包括氧化氮。上述提到的污染物存在于汽车尾气中，可与紫外线和水分反应生成可被作为气溶胶而被携带的新化学产物。夏季的雾霾天就是一个很好的例子，由于硝酸和硫酸的混合会导致在大城市内发生雾霾天气。

七、pH 值

近年来酸性雨出现已成为自然环境保护中的一个重要问题。从大气腐蚀的角度来看，这也是不能忽视的问题。酸性雨是指 pH 值在 4.3～5.3 范围的雨水，主要是由于含有大量来自汽车废气及燃料燃烧所生成的 NO_x、SO_x 等污染物质所致。在酸性雨的条件下，Zn、Cu、Pb 等金属的耐蚀性大为降低。

八、材料因素

碳钢和低合金钢是应用最为广泛的材料。为了提高其在大气中的耐蚀性，通过合金化既加入 Cr、Cu、P 等合金元素，可以改变锈层的结构，生成一层具有保护性的锈层，改善了钢的耐大气腐蚀性能。

不锈钢在大气环境中通常是很耐蚀的。但 Cr 含量较低的 Cr13 型不锈钢在户外的大气环境中仍会发生锈蚀，且腐蚀形态常为点蚀。对 18-8 型不锈钢或 Cr 和 Ni 含量更高的不锈钢，其腐蚀速度在 0.1μm/a 以下。

铝、铜及其合金在大气环境中通常具有较好的耐蚀性。在我国不同类型大气环境中 10 年的暴露试验结果表明，铝合金的平均腐蚀速度：城市和乡村小于 0.5μm/a，海洋为 0.16～0.90μm/a，酸雨地区大于 0.75μm/a。铜合金在污染少的一般大气环境中，腐蚀速度约为 1.0μm/a；在污染大气环境中，受酸雨及 SO_2 的影响，铜合金腐蚀速度为 2～3μm/a。

第二节　输变电设备的大气腐蚀及失效案例

大气腐蚀包括涂层老化、缝隙腐蚀、电偶腐蚀、应力腐蚀、点蚀、电烧蚀、晶间腐蚀及摩擦腐蚀等多种形式，本节通过紧固螺栓电偶腐蚀、黄铜螺母应力腐蚀、电流互感器铝合金接线板晶间腐蚀等八个失效案例，为大家详细介绍输变电设备大气腐蚀的特点、规律及防治措施。

［案例 4-1］ 220kV 变电站母线悬吊复合绝缘子连接金具锈蚀

一、案例简介

电力金具起着连接和固定裸导线、导体及绝缘子，传递机械载荷、电气负荷的重要作用。一旦金具发生腐蚀失效，将造成连接线路断开或掉落，引起停电跳闸事故。某 220kV 变电站运维检修人员在巡检过程中发现多支母线悬吊复合绝缘子高压侧连接金具锈蚀严重。该变电站位于电解铝工业园区内，属于重工业污染区，复合绝缘子连接金具材质为 Q235B，目前已投运 13 年。为找出连接金具腐蚀原因，避免同类失效再次发生，对其进行检验分析。

二、检测项目及结果

（一）宏观检查

对锈蚀的复合绝缘子连接金具进行宏观形貌观察，发现绝缘子高压侧联板及直角挂板锈蚀严重，其中联板表面镀锌层已完全脱落，直角挂板及其连接螺栓大部分区域镀锌层已脱落，锈层表面呈麻坑状，腐蚀产物为红褐色，而低压侧连接金具及高压侧双联碗头挂板、连接螺栓镀锌层则保存相对完好，未见明显锈蚀。此外，连接金具未见明显机械损伤及塑性变形，如图 4-1 所示。

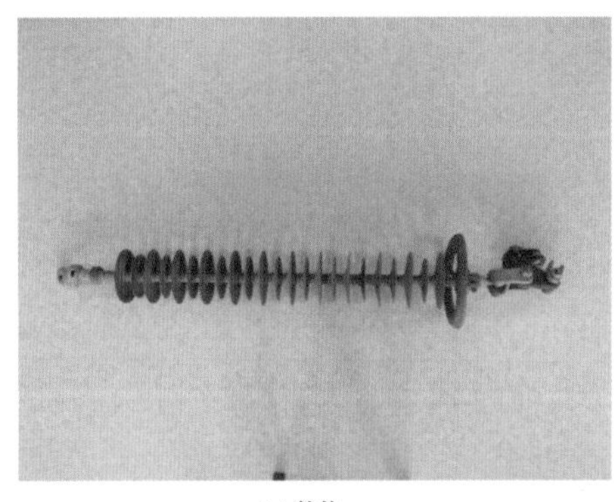
(a) 整体

(b) 低压侧金具

(c) 高压侧金具

(d) 联板

图 4-1　锈蚀的复合绝缘子连接金具宏观形貌（一）

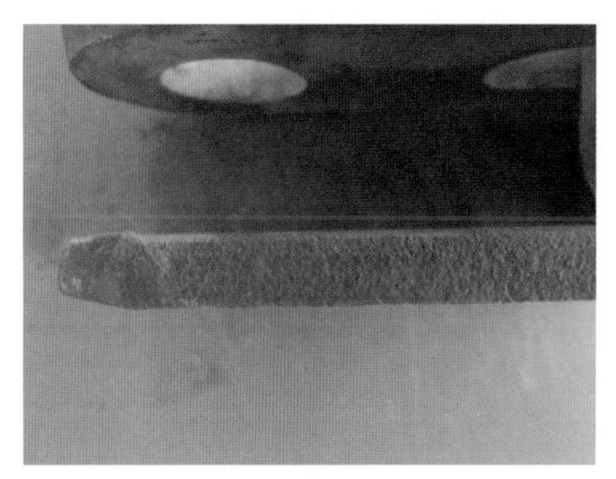

(e) 直角挂板

图 4-1　锈蚀的复合绝缘子连接金具宏观形貌（二）

（二）显微组织分析

对锈蚀的复合绝缘子连接金具取样进行金相显微组织分析，可以看出，联板、直角挂板及连接螺母的组织均为块状铁素体＋少量沿晶分布的珠光体，未见异常组织，其中连接螺母的晶粒尺寸较联板和 U 形挂环更细小，如图 4-2 所示。

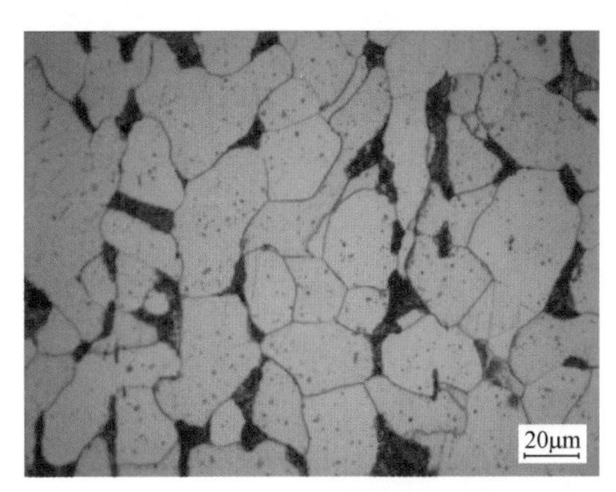

(a) 联板

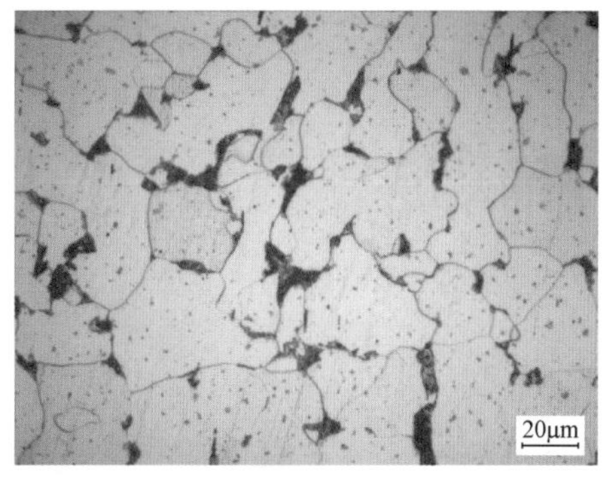

(b) 直角挂板

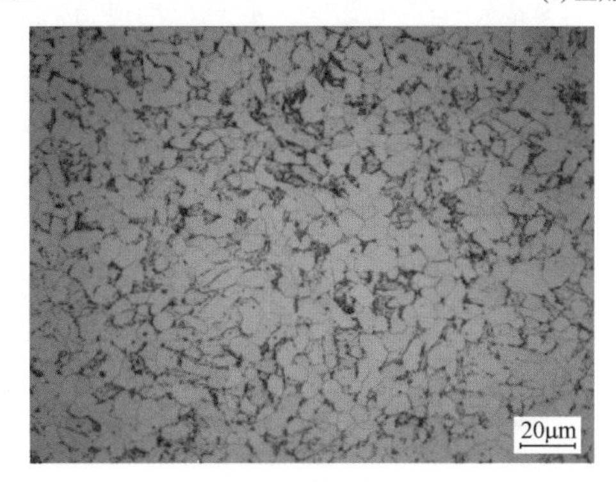

(c) 连接螺母

图 4-2　锈蚀的复合绝缘子连接金具微观组织形貌

（三）化学成分分析

对锈蚀的联板取样进行化学成分检测，检测结果见表 4-1。可以看出，锈蚀的联板中各元素含量符合 GB/T 700—2006《碳素结构钢》中对 Q235B 材质的要求。

表 4-1　　锈蚀联板的化学成分检测结果　　%

检测元素	C	Si	Mn	P	S
实测值	0.14	0.23	0.52	0.003	0.018
标准要求	≤0.20	≤0.35	≤1.40	≤0.045	≤0.045

（四）腐蚀产物形貌及能谱分析

利用扫描电子显微镜（SEM）对锈蚀的复合绝缘子连接金具腐蚀产物微观形貌进行检测，结果如图 4-3 所示。可以看出锈蚀金具表面腐蚀产物较致密，其中，联板表面存在众多大小不一的球状颗粒，直角挂板表面腐蚀产物呈块状并伴有球状颗粒，连接螺母表面腐蚀产物呈片层状。

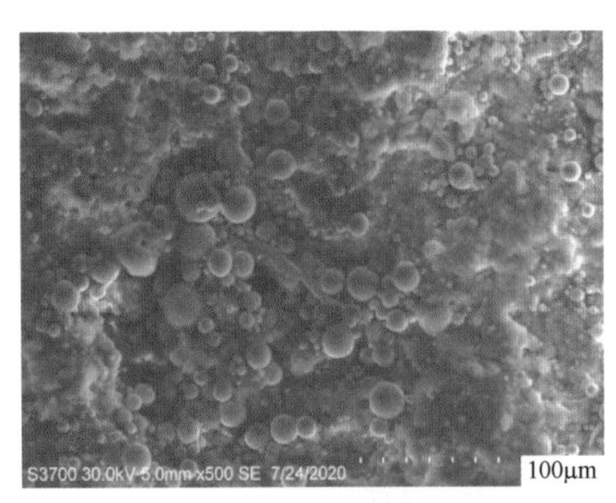

(a) 联板

(b) 直角挂板

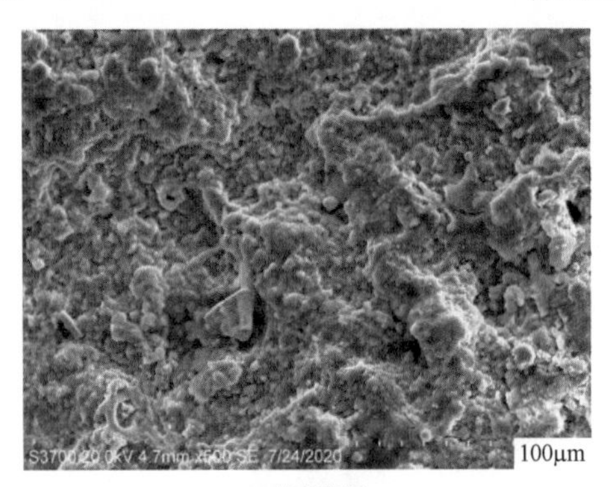

(c) 连接螺母

图 4-3　锈蚀的复合绝缘子连接金具表面腐蚀产物 SEM 形貌

利用能谱分析仪（EDS）对锈蚀的复合绝缘子连接金具腐蚀产物进行成分分析，检测结果见图4-4～图4-6及表4-2。可以看出，绝缘子金具腐蚀产物主要为铁的氧化物、硫酸盐，金具表面的硅和钙主要以氧化硅和氧化钙的形式存在，应为砂石吸附在其表面所致。

(a) 能谱分析部位

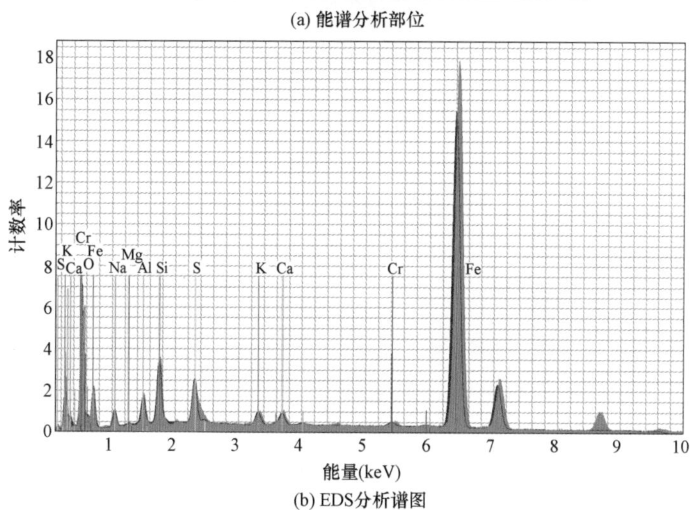

(b) EDS分析谱图

图4-4　联板腐蚀产物EDS分析谱图

(a) 能谱分析部位

图4-5　直角挂板腐蚀产物EDS分析谱图（一）

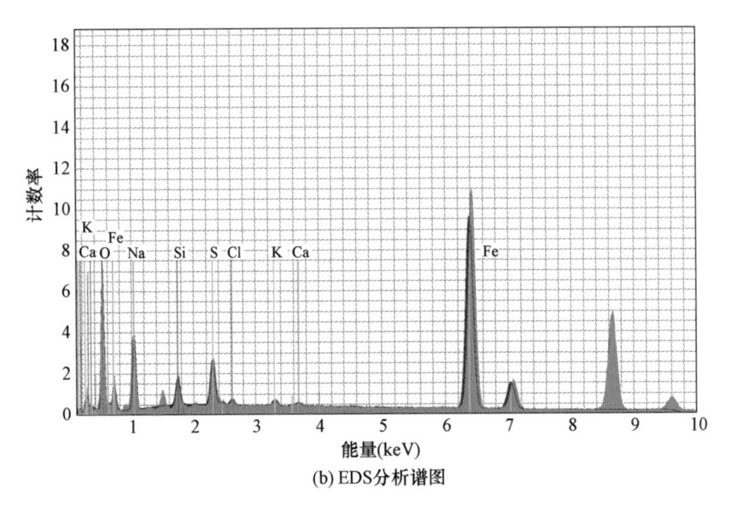

(b) EDS分析谱图

图 4-5　直角挂板腐蚀产物 EDS 分析谱图（二）

(a) 能谱分析部位

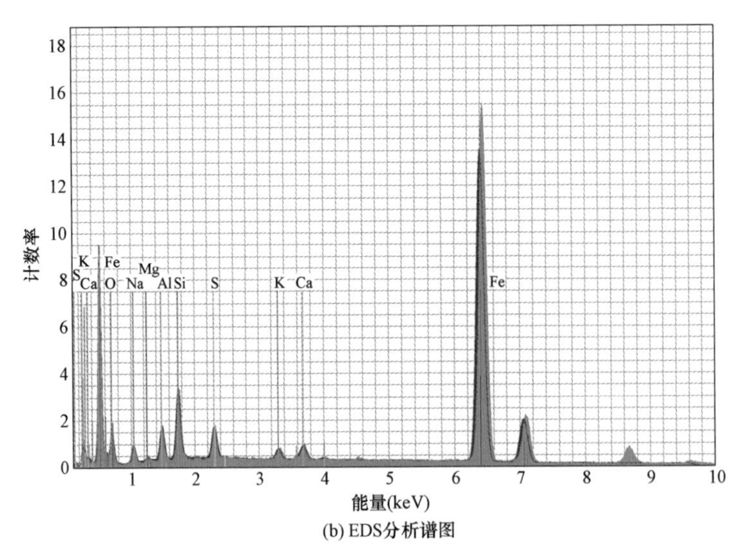

(b) EDS分析谱图

图 4-6　连接螺母腐蚀产物 EDS 分析谱图

表 4-2　　腐蚀产物能谱分析结果单位　　%

检测部件	Fe	O	Si	Mg	Na	K	Ca	Al	S	Cl	Cr
联板	59.57	21.27	5.83	0.16	3.48	1.36	1.33	2.85	3.73	—	0.42
直角挂板	46.88	26.89	3.04	—	16.8	0.67	0.46	—	4.64	0.61	—
连接螺母	55.12	28.59	5.43	0.34	3.13	0.91	1.29	2.88	2.31	—	—

三、综合分析

金具的腐蚀在本质上可以看作电化学腐蚀，热镀锌层中的锌（Zn）电位较低，优先于铁基体腐蚀，当雨水或潮气吸附于锌表面形成薄液膜时，即构成了电解液环境，发生如下的微观腐蚀电池反应。

阳极反应为

$$Zn - 2e \longrightarrow Zn^{2+}$$

阴极反应为

$$O_2 + 2H_2O + 4e \longrightarrow 4OH^-$$

阳极发生锌的溶解反应，一般发生在锌的表面缺陷处，腐蚀结果表现为肉眼可见的小孔；阴极发生氧的去极化反应，发生在小孔周围。反应结果为

$$Zn^{2+} + OH^- \longrightarrow Zn(OH)_2 \longrightarrow ZnO \cdot H_2O$$

如果大气没有被污染，酸性介质浓度很低，腐蚀产生的氢氧化锌 $Zn(OH)_2$、氧化锌（ZnO）、碳酸锌（$ZnCO)_3$ 等化合物，进一步形成碱式碳酸锌 $Zn_2(OH)_2CO_3$ 的致密薄膜，厚度可达 8μm 以上，这些产物以沉淀形式析出且难溶于水，因此阻止水分渗入减缓了后续腐蚀的发生，相当于可自我修复的保护膜。

然而该 220kV 变电站位于电解铝工业园区内，多年来因电解铝生产所排放的烟气和粉尘造成变电站周边空气中含有大量腐蚀性的二氧化硫，具有强腐蚀性。二氧化硫（SO_2）的溶解及氧化过程产生了 H^+，导致锌（Zn）表面薄层液化膜的酸化。一方面 H^+ 作为去极化剂参与阴极反应，加快了阳极锌的溶解。另一方面，在酸性环境中，原本较致密的碱式碳酸锌保护膜 $Zn_2(OH)_2CO_3$ 也与硫反应生成 $ZnSO_4$。

$$Zn(OH)_2\ ZnCO_3 + 2SO_2 + O_2 \rightarrow 2ZnSO_4 + H_2O + CO_2\uparrow$$

$ZnSO_4$ 是可溶性盐，很容易被雨水冲走，从而使 Zn 不断被腐蚀消耗。一旦镀锌层出现过早失效，暴露在大气中的铁基体因其腐蚀产物不具备保护作用，将快速腐蚀，出现大面积的点蚀坑，若其腐蚀减薄量过大，将直接影响连接金具的承载能力。

此外，复合绝缘子连接金具中联板表面锈蚀严重，镀锌层已完全脱落，但处在相同运行工况下的低压侧连接金具和高压侧双联碗头挂板、连接螺栓镀锌防护层保存相对较好，说明联板和直角挂板防腐能力不足也是造成其锈蚀的主要原因。

四、结论及建议

综上分析，本次 220kV 变电站母线悬挂绝缘子连接金具锈蚀的主要原因：一方面复合

绝缘子高压侧连接金具表层镀锌层质量差，防腐能力不足；另一方面，变电站位于电解铝工业园区内，多年来工业生产所排放的烟气使得周边空气中腐蚀性气体和粉尘含量较高，暴露在强腐蚀性大气环境中的金属材料会以几倍于一般大气环境的速度迅速发生腐蚀。

建议，首先应对同批次在用复合绝缘子高压侧连接金具进行排查，发现锈蚀损伤严重的应及时更换；其次，在典型的工业污染区，金具安装前应加强对镀锌层质量的检测和控制，在确保尺寸精度的前提下，应尽量增加镀锌层厚度；最后，因镀锌层消耗较快，可以考虑使用抗硫化腐蚀能力更强的铝锌合金作为防腐涂层。

［案例 4-2］ 220kV 变电站隔离开关及断路器接线板连接螺栓电偶腐蚀

一、案例简介

某 220kV 变电站运行检修人员在巡检过程中，发现站内多个电气设备的连接螺栓出现锈蚀现象，其中隔离开关及断路器接线板连接螺栓锈蚀情况尤为严重。锈蚀螺栓规格为 M12×50mm，强度等级为 4.8 级。为找出螺栓锈蚀原因，避免同类失效再次发生，对其进行检验分析。

二、检测项目及结果

（一）宏观检查

对腐蚀损伤的连接螺栓进行宏观形貌观察，发现大部分螺栓镀锌层已完全脱落且表面存在大量腐蚀坑，腐蚀产物呈黄褐色，螺杆截面积明显减小。螺栓螺纹局部区域存在少量白色粉末腐蚀产物，应为氧化铝粉末。部分螺栓镀锌层未被破坏，表面均匀光滑，呈银白色且具有金属光泽，与冷镀锌工艺的镀层特点相符，如图 4-7 所示。

(a) 整体情况

(b) 严重腐蚀区域

图 4-7　腐蚀损伤的连接螺栓宏观形貌

（二）镀锌层检测与硬度测试

为评估接线板连接螺栓的镀锌层质量，使用 MiniTest 740 涂层测厚仪对部分镀锌层保存相对完好的隔离开关及断路器接线板连接螺栓的镀锌层厚度进行测量，检测结果见表 4-3。结果表明，连接螺栓的镀锌层平均厚度均在 10～20μm 之间，局部区域的最小镀锌层厚度仅为 3.6μm，远低于标准要求的 45μm。此外，使用全自动维氏硬度计对部分隔离开关及断路器接线板连接螺栓取样进行硬度测试，结果表明所检螺栓的维氏硬度值均在 203～215HV 之间，符合 DL/T 284—2012《输电线路杆塔及电力金具用热浸镀锌螺栓与螺母》要求。

表 4-3　　隔离开关接线板连接螺栓镀锌层厚度测试结果　　μm

试样名称	测点 1	测点 2	测点 3	测点 4	测点 5	最小值	平均值
隔离开关接线板连接螺栓 1	10.0	3.9	15.3	12.7	9.3	3.9	10.2
隔离开关接线板连接螺栓 2	11.7	14.9	6.6	13.3	11.4	6.6	11.6
断路器接线板连接螺栓 1	11.0	11.1	10.9	11.3	3.6	3.6	9.6
断路器接线板连接螺栓 2	9.3	12.3	12.7	6.9	12.9	6.9	10.8

（三）显微组织分析

对腐蚀损伤的接线板连接螺栓取样进行金相显微组织分析，可以看出，腐蚀的连接螺栓基体组织为等轴珠光体＋块状铁素体，晶粒未见明显变形，螺栓表面存在大量深浅不一的腐蚀凹坑，如图 4-8 所示。

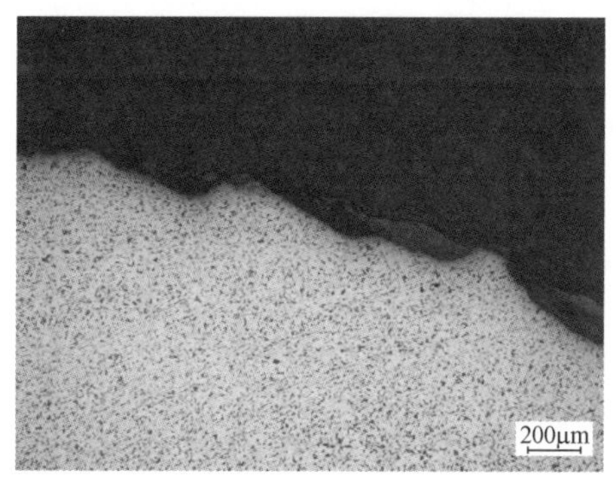

(a) 腐蚀坑

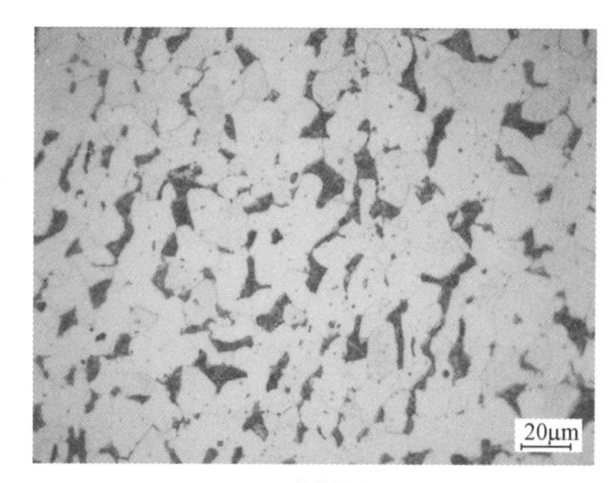

(b) 基体组织

图 4-8　腐蚀损伤的连接螺栓微观显微组织

（四）腐蚀产物形貌及能谱分析

利用扫描电子显微镜（SEM）对腐蚀损伤的连接螺栓腐蚀产物微观形貌进行检测，结果如图 4-9 所示。可以看出连接螺栓表面存在大量的团簇状致密腐蚀产物，并伴有大小不一的不规则块状颗粒。

图 4-9　腐蚀损伤的连接螺栓腐蚀产物 SEM 形貌

利用能谱分析仪（EDS）对图 4-10 所示的腐蚀损伤连接螺栓表面黄褐色及白色粉末状腐蚀产物进行成分分析，检测结果见图 4-11 及表 4-4。

可以看出，白色粉末状腐蚀产物主要为氧化铝，应为铝合金接线板腐蚀所致。而黄褐色腐蚀产物由氧化铁、氧化钙和氧化铝组成，其中氧化钙应为砂石吸附在螺栓表面所致。

(a) 白色粉末状腐蚀产物

(b) 黄褐色腐蚀产物

图 4-10　能谱分析区域

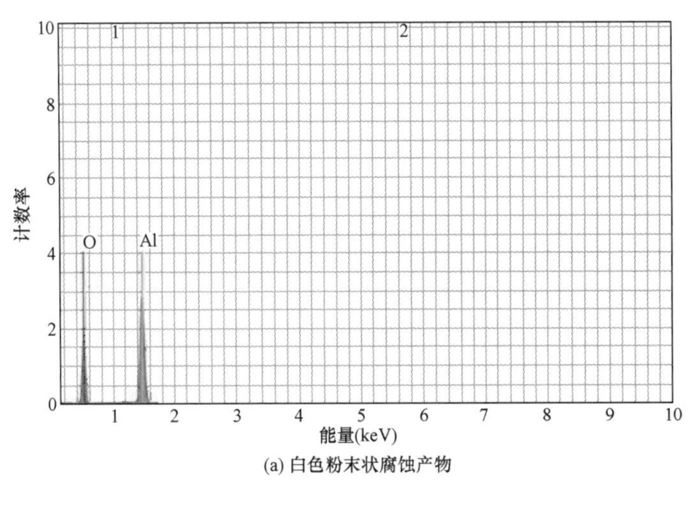

(a) 白色粉末状腐蚀产物

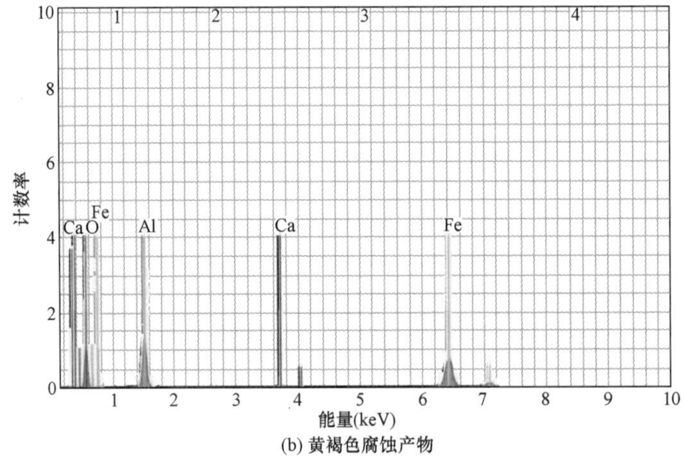

(b) 黄褐色腐蚀产物

图 4-11　腐蚀产物能谱分析图

表 4-4　　腐蚀产物能谱分析结果　　%

检测部位	Fe	Al	O	Ca
白色粉末状腐蚀产物	—	61.17	38.83	—
黄褐色腐蚀产物	34.50	26.63	38.13	0.74

三、综合分析

研究表明，在盐水和雪水环境中，Zn、Al、Fe 的腐蚀电位依次增大。在螺栓紧固件表面进行镀锌防护是因为锌可以作为阳极先于螺栓腐蚀保护螺栓本体，并且可以形成致密的氧化膜，从而减缓腐蚀速度。在使用过程中，雨水和雪水渗入到螺栓与接线板之间的缝隙中形成电解液环境，由于铝制接线板与螺栓镀锌层异种金属接触，形成腐蚀电偶。此时发生如下微观电池反应。

阳极反应为

$$Zn - 2e \longrightarrow Zn^{2+}$$

阴极反应为

$$O_2 + 2H_2O + 4e \longrightarrow 4OH^-$$

有 H^+ 存在时还可发生

$$2H^+ + 2e \longrightarrow H_2\uparrow$$

一般在锌层的表面缺陷处发生阳极反应，产生腐蚀孔洞，在小孔周围发生氧的去极化反应，即

$$Zn^{2+} + OH^- \longrightarrow Zn(OH)_2 \longrightarrow ZnO \cdot H_2O$$

服役初始时，螺栓镀锌层完好，锌层作为阳极，对铝接线板和螺栓本体起到保护作用。结合镀锌层厚度测试结果及宏观形貌特征，隔离开关及断路器连接螺栓防腐工艺应为电镀锌工艺，与热浸镀锌工艺相比，电镀层附着力差且厚度极薄，极易造成镀锌层过早失效。在失去了防腐层的保护后，裸露出的螺栓本体与铝制接线板直接接触，铝制接线板成为阳极对螺栓提供保护，加速铝制接线板的腐蚀速率，在螺栓表面形成大量银白色的氧化铝产物。

在异种金属接触条件下，螺栓的镀锌层腐蚀失效不仅会导致螺栓腐蚀，还会由于原电池作用加速铝制接线板的腐蚀，这与钢芯铝绞线的腐蚀机理和结论相一致。

四、结论及建议

热浸镀锌工艺具有防腐能力强、镀锌层的附着力好等特点，因此电网建设用材料的表面处理建议采用热浸镀锌。而本次发生锈蚀的螺栓表面处理工艺为冷镀锌工艺，镀锌层极薄，远低于标准要求，造成其防腐性能严重不足。这样接线板与螺栓之间形成的缝隙在雨水及雪水浸入后形成电解液环境，造成电极电位较高的镀锌层因电偶腐蚀而过早失效，失去防护层保护的连接螺栓基体直接暴露在大气中发生快速腐蚀。

延缓连接螺栓腐蚀速度可从以下两方面着手：

1）防止腐蚀介质的渗入：涂抹防腐蚀油脂可以有效地防止雨水、雪水的渗入，对延长连接螺栓与接线板的使用寿命有着重要作用，国外早已开始在钢芯铝绞线中涂抹防腐油脂用来防止由于钢芯镀锌层失效造成的铝绞线腐蚀。

2）提高镀锌层厚度及附着量，锌作为阳极可以有效地保护铝接线板和钢制螺栓，在镀锌层完好的情况下，锌层可以优先铝接线板及钢制螺栓腐蚀，而镀锌层的厚度和附着量正比于其寿命。因此，使用厚度达标的热镀锌连接螺栓可以在更长的服役时间内防护连接螺栓和铝接线板不受腐蚀。

［案例 4-3］ 500kV 变电站罐式断路器黄铜连接螺母应力腐蚀断裂

一、案例简介

断路器是电力系统中进行控制和保护的主要装置，对操动机构动作的可靠性要求极高，断路器的拒分、拒合及误动作都会给电网造成巨大的经济损失。某 500kV 变电站，自 2015 年 7 月投运以来，罐式断路器操动机构气动回路的黄铜连接螺母多次发生开裂，引发管路漏气、气压下降，造成气动操动机构无法正常使用。该批次黄铜连接螺母属于罐式断路器操动机构气动回路中的密封连接件，规格为 M15mm，材料牌号为 HPb59-1，属于铅黄铜，使用过程中承受 1.55MPa 的压缩空气压力。为找出该罐式断路器黄铜连接螺母的断裂原因，避免同类失效再次发生，本文对其进行检验分析。

二、检测项目及结果

（一）宏观检查

对断裂的黄铜连接螺母进行宏观形貌观察，可以发现，断口位于六角螺母向外螺纹管过渡处的变截面部位，该过渡部位无圆角设计，呈 90°直角，极易形成应力集中开裂。断口平坦无塑性变形，断面粗糙，色泽为灰白色，断口附近未见明显的机械损伤及电弧灼伤等缺陷，具有较为典型的脆性断裂特征，如图 4-12 所示。

(a) 整体形貌

(b) 断口形貌

图 4-12 断裂的黄铜连接螺母宏观形貌

（二）断口形貌分析

利用扫描电子显微镜（SEM）对黄铜连接螺母的断口进行检测，断口各区域的微观形貌如图 4-13 所示。可以看出，断裂起始于六角螺母与外螺纹管过渡部位的外表面，整个断口呈“冰糖块状”沿晶开裂的微观特征，并伴有二次裂纹的生成，同时在外螺纹管外壁存在少量的微裂纹。

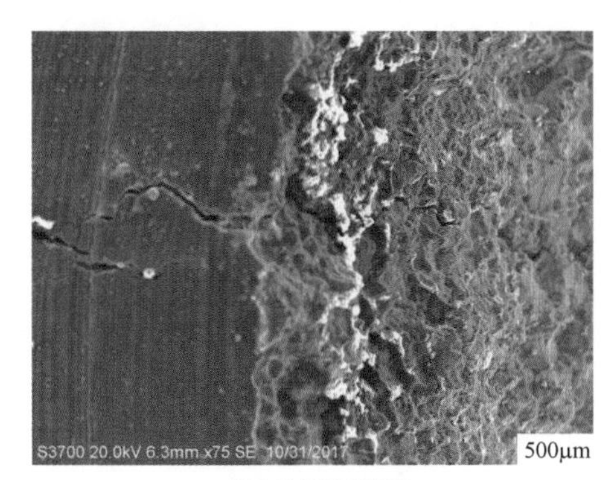

(a) 螺纹管外壁微裂纹

(b) 断口形貌

图 4-13　黄铜连接螺母断口 SEM 形貌

（三）化学成分分析

从断裂的黄铜连接螺母取样进行化学成分检测，结果见表 4-5。可以看出，黄铜螺母材质纯净度较差，其化学成分中 Cu 元素含量低于标准 GB/T 5231—2012《加工铜及铜合金的牌号与化学成分》对 HPb59-1 铅黄铜的要求，而 Pb、Fe 和杂质元素含量高于标准要求。

表 4-5　　黄铜连接螺母化学成分检测结果　　%

检测元素	Cu	Pb	Fe	Zn	杂质总和
实测值	55.6	4.3	0.961.0	36.9	2.3
标准要求	57.0～60.0	0.8～1.9	≤0.5	余量	≤1.0

（四）显微组织分析

对黄铜连接螺母取样进行金相显微组织检测，如图 4-14 所示。可以发现，螺母整个纵向断面的组织为 β+α 的双相组织，α 相呈块状或羽毛状沿晶界分布。按照 YS/T 347—2020《铜及铜合金平均晶粒度测定方法》判定，黄铜螺母晶粒平均直径为 0.11mm，晶粒度为 3.5 级，晶粒较粗大。此外，螺纹管外壁存在裂纹缺陷，并以沿晶方式向内壁不断扩展，与铜合金应力腐蚀开裂的微观特征相符。

（五）有限元分析

断裂的黄铜连接螺母在六角螺母向外螺纹管过渡区域存在变截面台阶，采用直角过渡

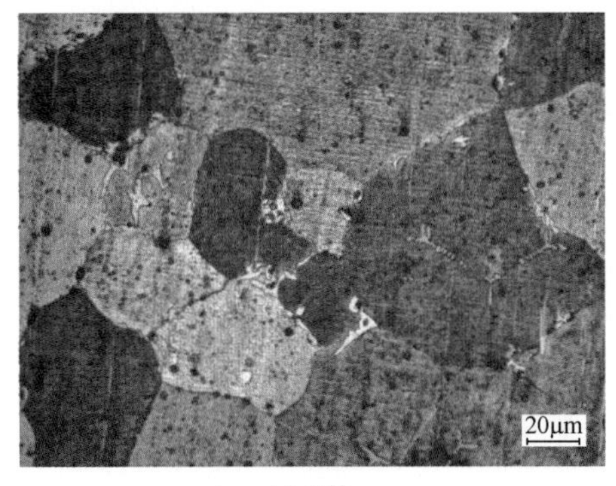

(a) 母材

(b) 裂纹

图 4-14　断裂的黄铜连接螺母微观显微组织

形式，极易形成应力集中。为准确分析黄铜螺母的受力形式及受力状态，并对比不同过渡形式下黄铜连接螺母的应力水平，根据实际测量数据，分别构建了直角过渡和圆角过渡两种形式的黄铜连接螺母几何模型，如图 4-15 所示。分析模型中忽略了残余应力的影响，螺母腔体内压力为 1.55MPa，黄铜螺母预紧力设为 1000N，同时螺母底部采用固定约束方式。分析模型中网格采用四面体单元，单元总数为 79 432个，节点总数为 145 981 个。

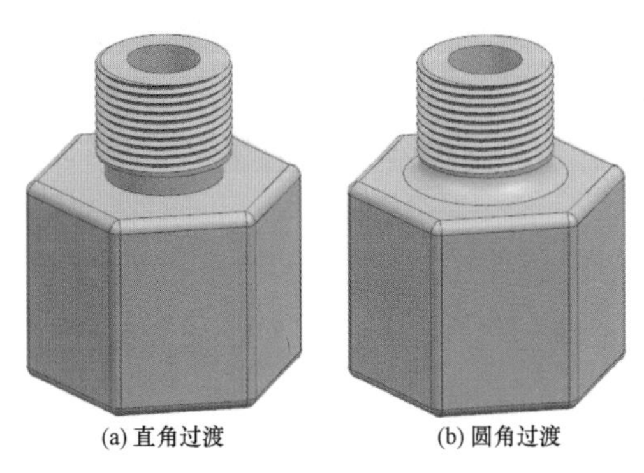

(a) 直角过渡　　(b) 圆角过渡

图 4-15　不同过渡形式下黄铜螺母的几何模型

图 4-16 所示为不同过渡形式下黄铜连接螺母的应力分布情况，可以看出，两种过渡形式下黄铜连接螺母最大应力均出现在变截面过渡部位，其中采用直角过渡的黄铜螺母最大应力约为 67MPa，而采用圆角过渡的黄铜螺母最大应力仅为 32MPa 左右，不到直角过渡黄铜螺母最大应力的一半，说明采用圆角过渡形式能够有效地降低变截面处的应力水平，避免应力集中开裂的发生。

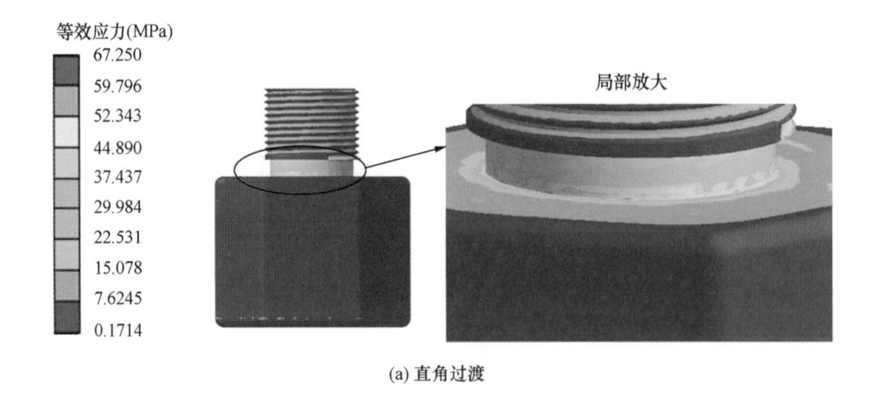

(a) 直角过渡

图 4-16　不同过渡形式下黄铜螺母应力分布图（一）

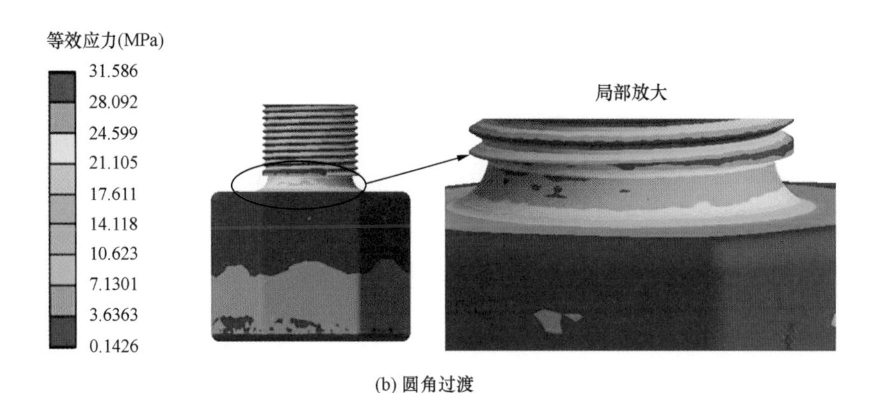

(b) 圆角过渡

图 4-16　不同过渡形式下黄铜螺母应力分布图（二）

（六）腐蚀产物能谱分析

利用能谱分析仪（EDS）对图 4-17 所示的黄铜螺母断口及开裂部位的腐蚀产物成分进行检测，分析结果见图 4-18 和表 4-6。结果表明，在黄铜六角螺母与外螺纹管过渡直角的初始开裂部位及六角螺母的端面裂纹内部的腐蚀产物中主要为 Pb、S 及 O 元素，其中 S 元素含量高达 1.64%，而黄铜的应力腐蚀开裂往往与所接触介质中含有腐蚀性 S 元素有关。

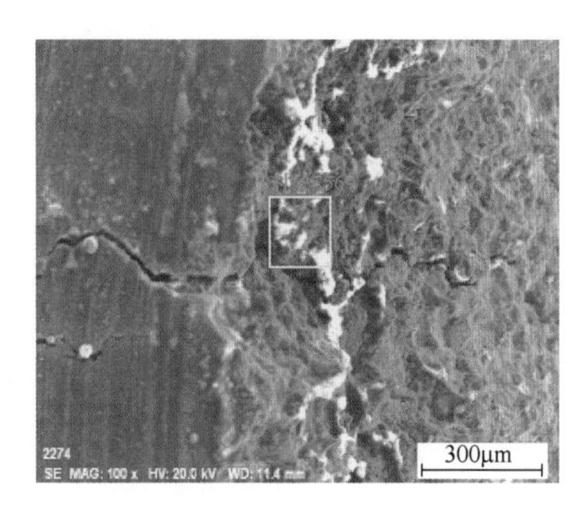

图 4-17　能谱分析区域

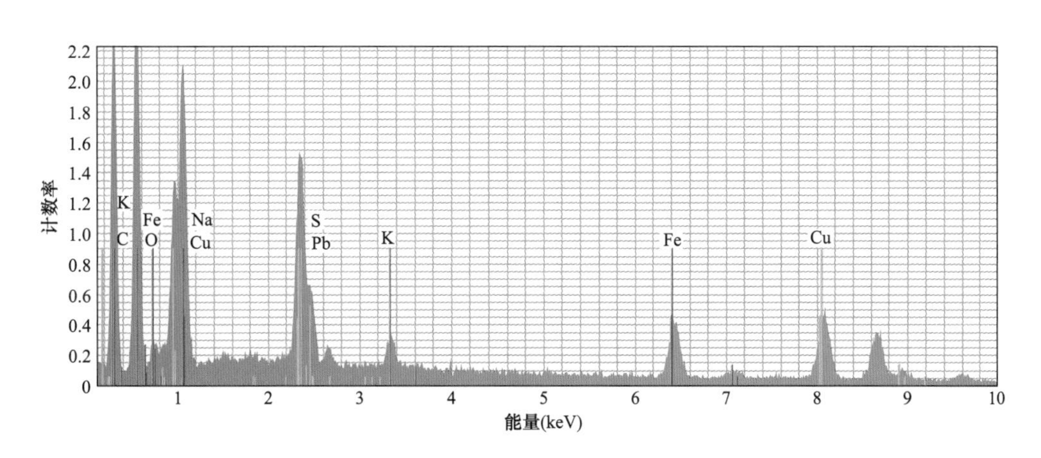

图 4-18　腐蚀产物能谱图

表 4-6　**腐蚀产物成分能谱分析结果**　%

检测元素	C	O	Na	S	K	Fe	Cu	Pb
实测值	32.25	31.37	10.39	1.64	0.76	4.58	11.20	7.81

三、综合分析

黄铜连接螺母的化学成分中 Cu 元素含量低于标准要求，而 Pb、Fe 元素和杂质元素等控制元素的含量却明显高于标准要求，材质纯净度极差。Cu 元素含量的不足会降低材料的韧性；而当 Pb 含量严重超标时，因 Pt 在 Cu-Zn 合金中固溶度很小，硬度较低的单质 Pb 会呈网状分布在晶界上，造成晶界结合力弱化，使材料的强度下降。研究表明，当黄铜中锌含量低于 20%时，在自然环境中一般不发生应力腐蚀开裂；而当锌含量高于 20%时，锌含量越高，表面越容易脱锌，其应力腐蚀开裂敏感性也越大。黄铜连接螺母中锌含量约为 37%，远高于 20%，因此其发生应力腐蚀开裂的可能性极高。此外，黄铜连接螺母的六角螺母向外螺纹管过渡部位的变截面台阶存在设计缺陷，未预留圆角过渡，这样在使用过程中内部介质压力和锁紧预紧力的共同作用下，会在直角底部尖端形成较大的应力集中。

该批次黄铜连接螺母随操动机构直接供货到现场，在出厂前已安装完毕，现场未进行安装操作，黄铜螺母一直封闭于操动机构箱内；同时，该变电站所在地环境良好，无任何工业污染。因此，开裂部位高硫的腐蚀介质，应为黄铜螺母在加工制造或存放运输过程中接触含有 S 元素的物质所致。

该批次罐式断路器气动回路黄铜连接螺母断裂的主要原因如下：

（1）黄铜螺母因化学成分不合格，造成材料脆性增大，强度和韧性下降。

（2）黄铜螺母因加工过程中锻造温度过高或锻造比过大，且退火不完全，造成金相组织中晶粒较粗大，同时 α 相沿晶界分布，使得晶界间的结合力被弱化，导致材料强度和韧性进一步下降。

（3）黄铜螺母的变截面台阶部位为直角过渡，极易在直角底部发生应力集中开裂形成裂纹源。

（4）在加工制造或存放运输环境中螺母接触到了对黄铜应力腐蚀较为敏感的含有 S 元素的腐蚀介质。这样在管路内部介质压力、紧固预紧力及加工残余应力的共同作用下，在含 S 腐蚀介质中黄铜螺母沿应力集中的直角过渡部位发生应力腐蚀开裂，裂纹不断以沿晶的方式扩展直至外螺纹管完全断裂。

四、结论与建议

综上分析，该批次罐式断路器气动回路黄铜连接螺母因材质化学成分不达标且锻造工艺控制不当，造成其强度和韧性不足；同时，在加工制造或存放运输环境中螺母接触到了含有 S 元素的腐蚀性介质，这样在管路内部介质压力、紧固预紧力及加工残余应力的共同作用下，沿螺母应力集中的直角过渡部位发生应力腐蚀开裂，导致压缩空气泄漏。

建议：①对该批次的黄铜连接螺母进行彻底更换，新更换的螺母在强度允许的情况下，尽量选用含锌量低的黄铜材料，同时其化学成分中应含有铝、镍、锡等元素，以减小应力腐蚀倾向；②鉴于内蒙古电网其他变电站也曾出现过同厂家、同类型黄铜螺母开裂失效的情况，应对同厂家、同类型设备进行全面无损检验排查，发现问题及早处理；③根据有限元分析结果可知，黄铜连接螺母的直角过渡部位应加入过渡圆角设计，以减小该部位应力集中的程度；④在更换安装操作时应使用规范统一的预紧力进行紧固，以免再次出现类似开裂失效，保证变电站断路器设备的安全稳定运行。

［案例 4-4］　500kV 输电铁塔金具闭口销锈蚀

一、案例简介

某 500kV 输电线路巡检人员在无人机巡视过程中发现个别输电铁塔横担及地线挂点闭口销锈蚀严重，该条输电线路某重工业园区内，周边煤化工等高污染企业众多，已投运 6 年。为找出输电铁塔金具闭口销锈蚀原因，防止同类锈蚀失效再次发生，保证输电线路的安全、稳定运行，对其进行检验分析。

二、检测项目及结果

（一）宏观检查

对锈蚀的输电铁塔金具闭口销进行宏观形貌观察，发现黄褐色的腐蚀产物呈层片状分布在闭口销表面，部分腐蚀产物已脱落，闭口销表面存在大量的腐蚀坑，未见明显机械损伤及塑性变形，如图 4-19 所示。

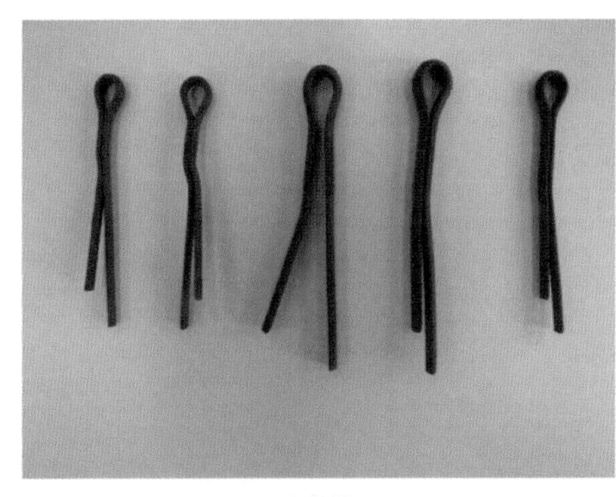

(a) 整体

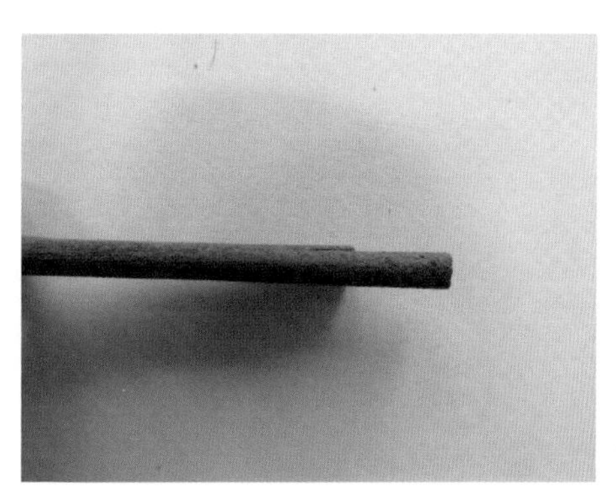

(b) 锈蚀部位

图 4-19　锈蚀的闭口销宏观形貌

（二）显微组织分析

对锈蚀的输电铁塔金具闭口销取样进行金相显微组织分析，可以看出，闭口销表面存在深浅不一的腐蚀凹坑，组织为块状铁素体＋大量弥散分布的碳化物，未见异常组织，与奥氏体不锈钢微观组织特征完全不符，如图 4-20 所示。

（三）腐蚀产物形貌与能谱分析

利用能谱分析仪（EDS）对锈蚀闭口销母材进行成分分析，检测结果见图 4-21 及表 4-7。可以看出，闭口销母材的主要成分为 Fe 和 C 元素，未见奥氏体形成元素 Mn、Ni 及增强钢材耐腐蚀性元素 Cr，判断闭口销应为普通碳钢，而非奥氏体不锈钢。

(a) 基体

(b) 腐蚀坑

图 4-20　锈蚀的闭口销各部位金相组织

(a) 能谱分析部位

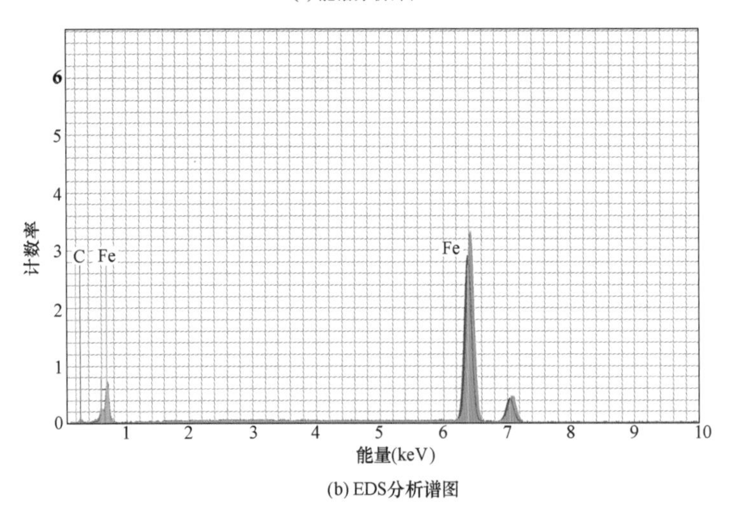

(b) EDS分析谱图

图 4-21　锈蚀闭口销母材 EDS 分析谱图

表 4-7　闭口销母材能谱分析结果　%

检测元素	Fe	C
实测值	95.02	4.98

利用扫描电子显微镜（SEM）对锈蚀的输电铁塔金具闭口销腐蚀产物微观形貌进行检测，结果如图 4-22 所示。可以看出闭口销腐蚀产物较致密，呈层片状，并伴有众多大小不一的块状颗粒。

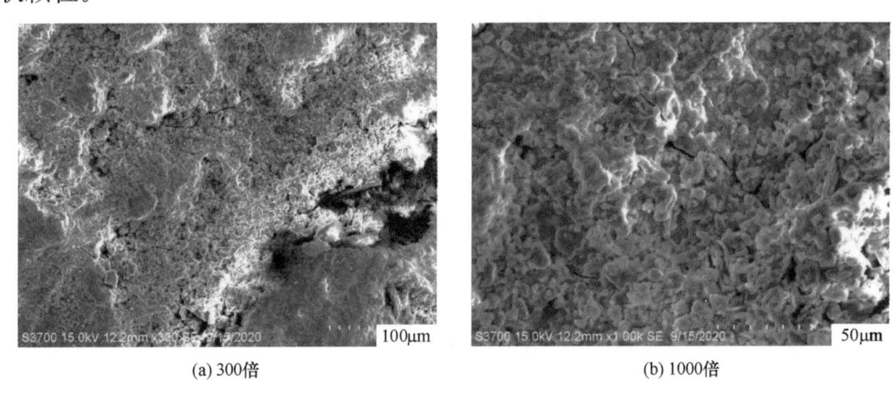

(a) 300倍　　(b) 1000倍

图 4-22　锈蚀闭口销腐蚀产物 SEM 形貌

利用能谱分析仪（EDS）对锈蚀闭口销的腐蚀产物进行成分分析，检测结果见图 4-23 及表 4-8。可以看出，闭口销腐蚀产物的主要成分为 Fe、O、S，应为铁的氧化物及硫酸亚铁；闭口销表面的 Si 主要以氧化硅的形式存在，应为砂石吸附在拉线棒表面所致。

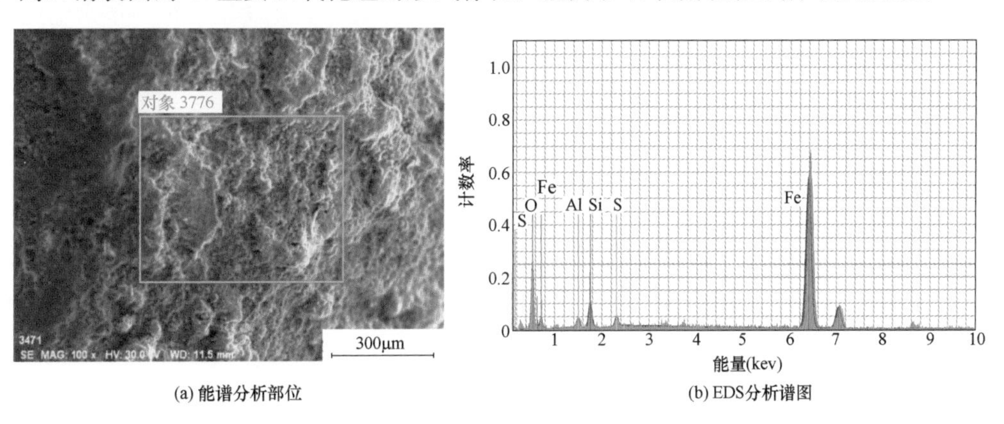

(a) 能谱分析部位　　(b) EDS分析谱图

图 4-23　锈蚀闭口销腐蚀产物 EDS 分析谱图

表 4-8　　腐蚀产物能谱分析结果　　%

检测元素	Fe	O	Si	Al	S
测试值	65.74	23.10	6.58	2.51	2.07

（四）力学性能试验

对锈蚀的闭口销取样进行硬度测试，闭口销硬度值在 191～199HBW，满足 DL/T 1343—2014《电力金具用闭口销》对闭口销硬度值不小于 130HBW 的要求。

三、综合分析

DL/T 1343—2014 中规定闭口销材料应采用奥氏体不锈钢且硬度值不小于 130HBW。因为不锈钢中铬含量较高，铬可以使得铁基固溶体的电极电位提高，同时吸收铁的电子使其钝化，阻止电化学腐蚀的发生。而本次锈蚀的闭口销母材化学成分中未见 Cr、Ni、Mn 等元素，同时微观组织与奥氏体不锈钢特征完全不符，说明闭口销材质不满足标准要求，防腐性能严重不足。此外，线路周边重工业企业较多，造成空气中 SO_2 等有害气体含量处于较高水平。空气中的 SO_2 会吸附在金属表面上，与 Fe 作用生成易溶的 $FeSO_4$，$FeSO_4$ 遇水溶解后发生水解生成 H_2SO_4，生成 H_2SO_4 再与 Fe 作用生成 $FeSO_4$，按照这种循环的模式闭口销不断发生腐蚀损伤，直至失效。

四、结论与建议

综上所述，本次锈蚀的闭口销因材质错用导致其防腐能力严重不足，在长年工业污染形成的强腐蚀性大气环境中，以几倍于一般大气环境的速度迅速发生腐蚀。

建议对同批次在用金具闭口销进行排查，发现锈蚀损伤严重的应及时更换处理；同时在投运前，应开展闭口销化学成分和硬度检测，防止其因耐腐蚀性能和弹性不足导致的过早失效，做到关口前移，避免投运后反复更换。

［案例 4-5］ 500kV 输电铁塔塔材锈蚀

一、案例简介

某 500kV 输电线路巡检人员在巡视过程中发现个别铁塔塔材发生锈蚀，该条输电线路周边无重工业污染企业，已投运 20 年。锈蚀塔材规格为∠56×5.0mm，材质为 Q235B。为找出塔材锈蚀原因，避免同类失效再次发生，对其进行检验分析。

二、检测项目及结果

（一）宏观检查

对锈蚀的铁塔塔材进行宏观形貌观察，发现铁塔塔材大部分区域镀锌层完好，呈银白色，局部区域存在黄褐色的腐蚀产物，未见明显机械损伤及塑性变形。铁塔辅材采用热浸镀锌结合涂装双重防腐体系，在拆卸过程中因弯折、扭拧，局部区域防腐涂料出现起皮、脱落现象，如图 4-24 所示。

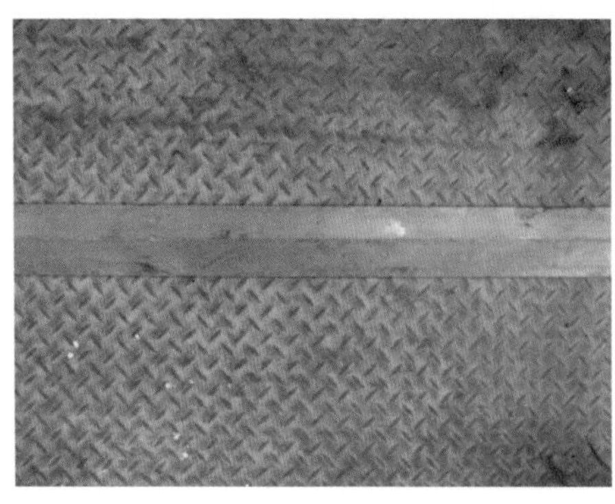

(a) 整体

(b) 锈蚀部位

图 4-24 锈蚀的铁塔塔材宏观形貌（一）

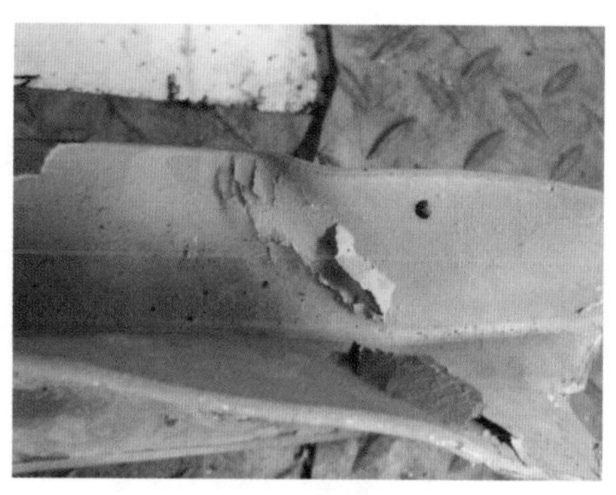

(c) 辅材防腐涂料起皮、脱落

图 4-24　锈蚀的铁塔塔材宏观形貌（二）

（二）化学成分分析

对锈蚀的铁塔塔材取样进行化学成分检测，检测结果见表 4-9。可以看出，锈蚀的铁塔塔材中各元素含量符合 GB/T 700—2006《碳素结构钢》对 Q235B 材质的要求。

表 4-9　　锈蚀铁塔塔材的化学成分检测结果　　%

检测元素	C	Si	Mn	P	S
实测值	0.11	0.10	0.39	0.026	0.012
标准要求	≤0.20	≤0.35	≤1.40	≤0.045	≤0.045

（三）显微组织分析

对锈蚀的输电铁塔角钢取样进行金相显微组织分析，可以看出，铁塔角钢的组织为等轴状均匀分布的铁素体＋珠光体，未见异常组织，角钢表面镀锌层厚度约为 120μm，如图 4-25 所示。

(a) 基体

(b) 表层镀锌层

图 4-25　锈蚀的塔材微观组织形貌

（四）腐蚀产物形貌及能谱分析

利用扫描电子显微镜（SEM）对锈蚀的铁塔塔材腐蚀产物微观形貌进行检测，结果如

图 4-26 所示。可以看出塔材表面腐蚀产物较致密，产物为大小不一的团簇状颗粒。

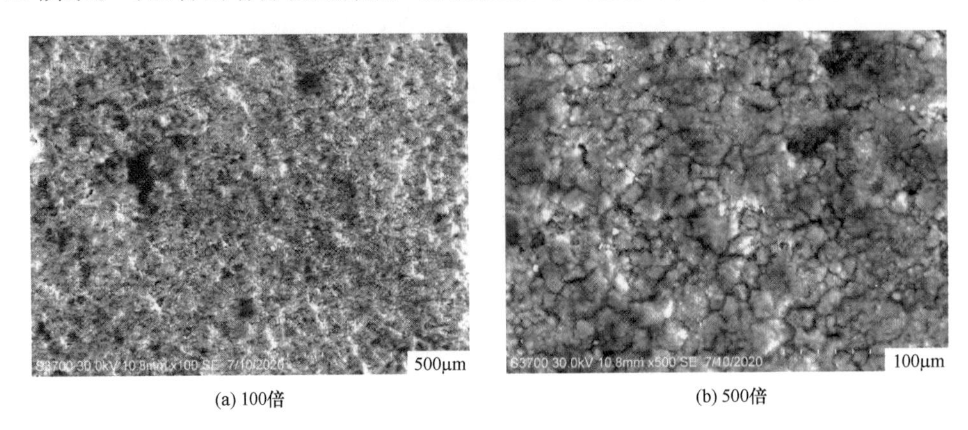

(a) 100倍　　(b) 500倍

图 4-26　锈蚀塔材表面腐蚀产物 SEM 形貌

利用能谱分析仪（EDS）对图 4-27 所示塔材腐蚀产物进行成分分析，能谱分析结果见图 4-28 及表 4-10。可以看出，塔材腐蚀产物主要为铁的氧化物；塔材表面锌含量较高，说明镀锌层保存完好，能够有效地抑制塔材的腐蚀；塔材表面的 Si 主要以氧化硅的形式存在，应为砂石吸附在塔材表面所致。

图 4-27　能谱分析位置图

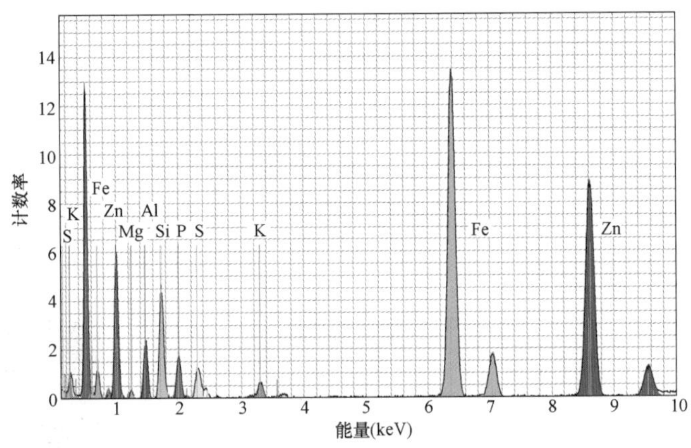

图 4-28　能谱分析图

表 4-10　**腐蚀产物能谱分析结果**　%

检测元素	Fe	O	Si	Mg	Zn	K	P	Al	S
塔材表面	27.64	22.92	4.95	3.06	37.08	0.72	1.82	3.07	1.26

（五）力学性能试验

对铁塔塔材取样进行常温力学性能试验，检测数据见表 4-11。结果表明，塔材的屈服强度、抗拉强度、断后伸长率均满足 GB/T 700—2006《碳素结构钢》对 Q235B 的要求。

表 4-11　　　　塔材常温力学性能测试结果

检测项目	屈服强度（MPa）	抗拉强度（MPa）	断后伸长率（%）
实测值	300	406	36
标准要求	≥235	370～500	≥26

三、综合分析

锈蚀的输电铁塔塔材化学成分符合标准要求，无错用材质现象。同时，塔材的金相组织为铁素体+珠光体，未发现异常组织。塔材表面镀锌层保存完好，呈银白色，镀锌层厚度为 120μm，远高于标准要求的 70μm，与热镀锌工艺的特征完全相符，塔材的防腐性能满足使用要求。此外，能谱分析结果显示塔材表面含有大量的锌元素，说明镀锌层并未发生大面积腐蚀失效，能够有效地抑制塔材的腐蚀。因此，该段塔材表面的锈蚀现象应为外来腐蚀产物经雨水、雪水冲刷流至铁塔塔材表面所致，结合塔材的力学检测结果，该输电铁塔可以继续正常使用。

四、结论与建议

综上分析，输电铁塔塔材局部区域表面锈蚀主要是因为附近未进行有效防腐保护的钢铁制件在发生锈蚀后，腐蚀产物经雨水、雪水冲刷流至铁塔塔材表面所致。该段塔材表面镀锌层未见明显损伤，对其防腐效果不会产生明显的影响。

建议：①应查找锈蚀铁塔塔材表面的锈斑来源，发现与其邻近的锈蚀较严重的金具或紧固件应及时更换，避免因金属部件过渡锈蚀影响输电铁塔的安全运行；②新购置的塔材应采用热镀锌防腐工艺，并保证镀锌层最小厚度不低于 45μm，平均厚度不低于 70μm。

［案例 4-6］ 220kV 变电站用电流互感器（TA）铝合金接线板晶间腐蚀

一、案例简介

某近海 220kV 变电站用 TA 铝接线板在服役两年后发生严重腐蚀损伤，该地区属于亚热带海洋性季风气候，年平均气温高，空气湿度大，由于服役于近海地区，服役大气环境中 Cl^- 含量相对较高。大气中存在较高浓度的 Cl^- 极易破坏铝合金表面的氧化膜，造成铝合金腐蚀失效。实地调研发现，变电站附近同时存在多个化工企业，长期排放含 S 气体，含 S 气体是导致铝合金腐蚀的另一重要原因。通过分析可知变电站 TA 铝合金接线板服役大气环境较为恶劣，环境腐蚀等级高，属于典型的高温、高湿、高盐、含硫工业污染地区。为找出铝接线板在沿海工业环境下的腐蚀失效原因，避免同类失效再次发生，对其进行检验分析。

二、检测项目及结果

（一）宏观检查

图 4-29 所示为 TA 铝合金接线板宏观腐蚀形貌，通过宏观形貌观察发现，铝合金接线

板表面有大量白的腐蚀产物覆盖，见图 4-29（a），白的产物分布不均匀，见图 4-29（b），可知其腐蚀较为严重。大量腐蚀产物在铝合金接线板表面的堆积，会造成接线板电阻的增大，从而导致发热，造成温度过高而影响设备的正常工作。

(a) 整体形貌　　(b) 局部放大

图 4-29　TA 用铝合金接线板的宏观腐蚀形貌

（二）化学成分

由表 4-12 可知：TA 用铝合金接线板的化学成分与 6A02 铝合金的化学成分非常接近，主要成分 Mg、Si 和 Cu 的含量均与 6A02（LD2）铝合金相符。其中 Fe 为杂质元素；Mn、Cr 和 Ti 的主要作用为细化晶粒并抑制 Fe 的有害作用，属于变质元素。通过分析可知接线板用铝合金成分为 6 系 6A02 铝合金，其晶间腐蚀或者层状腐蚀敏感性较高，在工业和海洋大气环境中更为明显。

表 4-12　铝合金接线板化学成分检测结果　%

材料	Si	Fe	Cu	Mn	Mg	Cr	Zn	Ti	Al
铝合金接线板	0.75	0.46	0.22	≤0.01	0.9	0.16	≤0.01	0.13	bal
6A02（LD2）	0.50～1.2	0.5	0.20～0.6	≤0.01	0.45～0.9	0.15～0.35	0.2	0.15	bal

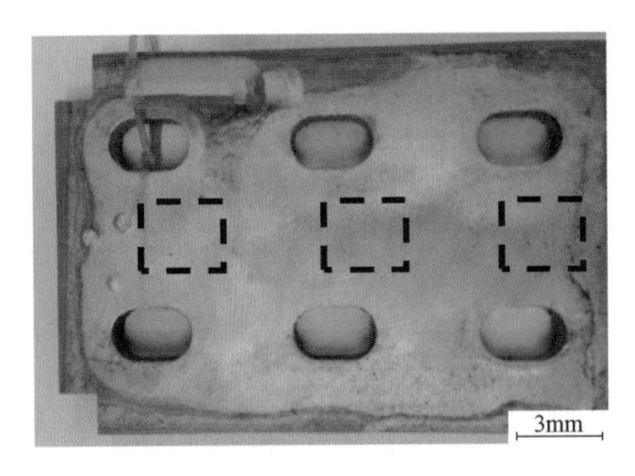

图 4-30　TA 用铝合金接线板的硬度测量点

（三）硬度

由图 4-30 可见：图中 3 个点的布氏硬度分别为 54.17、57.23、56.56HBW，硬度较为均匀，取均值后得到该合金的布氏硬度为 55.99HBW。

（四）腐蚀产物微观形貌

由图 4-31 可见，低倍下 TA 用铝合金接线板表面被腐蚀产物覆盖，腐蚀产物层相对致密，在试样表面附着较好；但在高倍下，可以看到腐蚀产物层中有裂纹产生，裂纹的产生不利于腐蚀产物层对基体的保护，Cl^- 等腐蚀介质会对基体产生进一步的腐蚀。腐蚀产物的覆盖主要是由于失效铝合金接线板在高温沿海工业环境下腐蚀严重及污染物沉积共同作用造成。

(a) 低倍

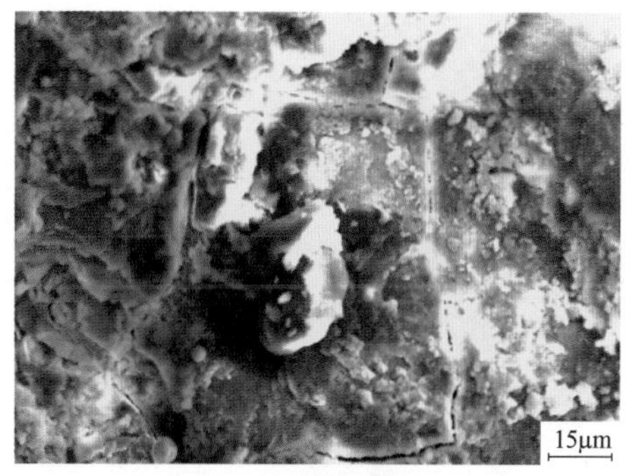

(b) 高倍

图 4-31　TA 用铝合金接线板表面的微观腐蚀形貌

图 4-32 为失效铝合金横切面抛光后的晶间腐蚀形貌，可观察到有网状晶界出现，具有晶间腐蚀特征。由图 4-33 可以看出，低倍下除锈后铝合金接线板表面有明显的晶间腐蚀发生，晶间腐蚀导致铝合金表面严重破坏，可观察到腐蚀后的晶界，部分晶粒脱落，抗拉强度由 320MPa 下降为 230MPa；高倍下可见铝合金接线板表面存在大量孔洞，结构疏松，已由晶间腐蚀逐步向均匀腐蚀方向发展。结合服役环境、材料分析和腐蚀形貌观察，失效铝合金接线板所处大气环境中 Cl^- 及硫化物浓度相对较高，极易导致晶间腐蚀现象的发生。

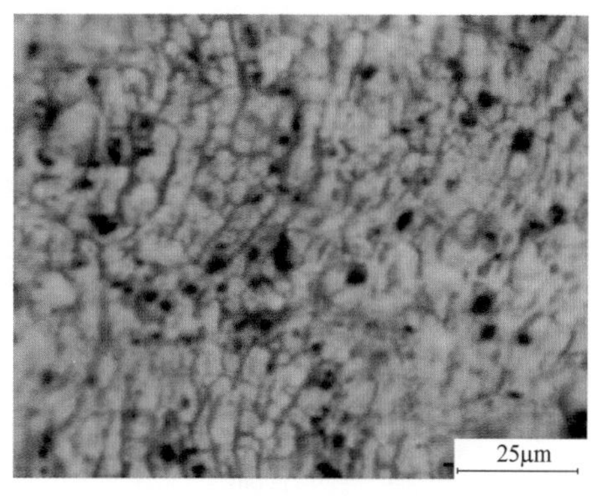

图 4-32　TA 用铝合金接线板晶间腐蚀形貌

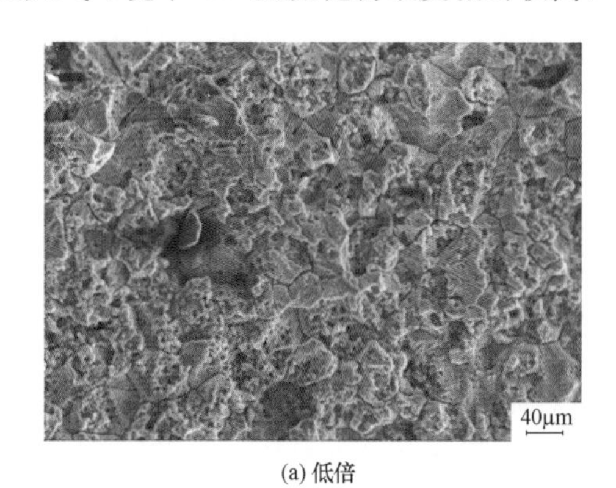

(a) 低倍

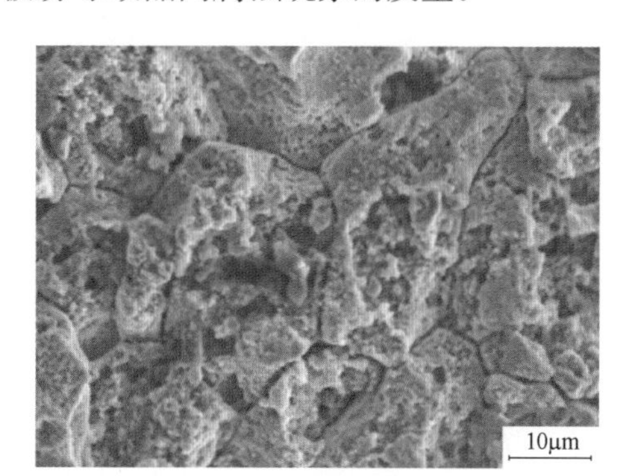

(b) 高倍

图 4-33　TA 用铝合金接线板除锈后的微观腐蚀形貌

（五）腐蚀产物能谱分析

从图 4-34 中可以看出，腐蚀产物中含有一定量的 O、P、Cl、S 等元素。结合实际工况大气环境分析，说明该铝合金接线板工况环境中存在含有 Cl、S 等元素的腐蚀介质。

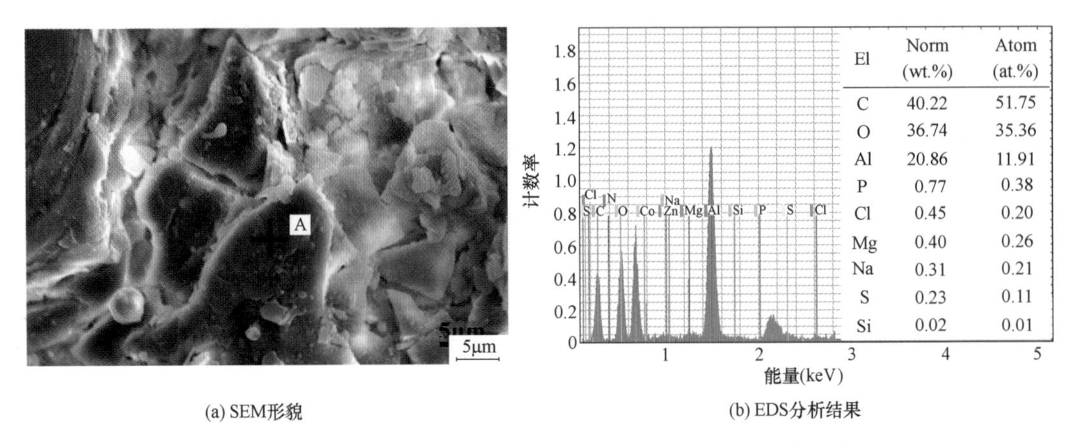

(a) SEM形貌　　(b) EDS分析结果

图 4-34　TA 用铝合金接线板腐蚀产物 SEM 形貌及 EDS 分析结果

由图 4-35 可知：腐蚀产物主要由 Al_3S_4、$AlPO_4$、$AlCl_3$ 等物相组成。结合腐蚀产物 EDS 分析结果，可知 Cl、S 等腐蚀性元素是铝合金接线板腐蚀失效的重要环境影响因素，导致和促进铝合金腐蚀现象的发生，Cl^- 的存在极易引起铝合金的晶间腐蚀和点蚀现象的发生，与腐蚀微观形貌观察结果相一致。

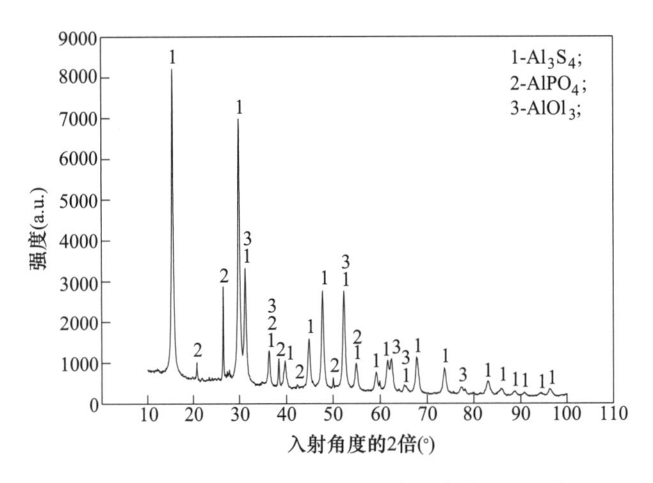

图 4-35　TA 用铝合金接线板腐蚀产物 XRD 谱

三、综合分析

通常在大气环境下铝合金表面能迅速形成相对致密的氧化膜，且氧化膜具有一定的自修复功能，使铝合金有良好的耐大气腐蚀性能，但在相对苛刻的含 Cl^- 和硫化物的大气环境下，此失效 TA 用铝合金表面发生了严重的晶间腐蚀现象，并逐步向均匀腐蚀方向发展。Cl^- 是造成铝合金腐蚀的重要因素之一。从图 4-36 中可以看出，环境中 Cl^- 的存在导致铝合金的腐蚀电化学行为发生了明显的变化，一定浓度 Cl^- 的存在导致铝合金自腐蚀电位明显降低，自腐蚀电流密度明显增大，说明 Cl^- 促进了铝合金腐蚀的发生。同时 Cl^- 可以在铝合金晶界氧化膜薄弱处或缺陷处优先发生吸附，Cl^- 通过竞争吸附，可逐渐取代 $Al(OH)_3$ 表

面上的 OH^- 生成 $AlCl_3$，破坏铝合金晶界处的氧化膜，造成晶间腐蚀等局部加速性溶解现象的发生。另外大气环境中的硫化物如 SO_2，会在铝合金表面及液膜下溶解和水化，生成 HSO_4^-，并可被逐步氧化成 SO_4^{2-}，与铝合金或者 $Al(OH)_3$ 溶解生成的 Al^{3+} 形成铝的硫化物，促进和造成铝合金的进一步腐蚀。

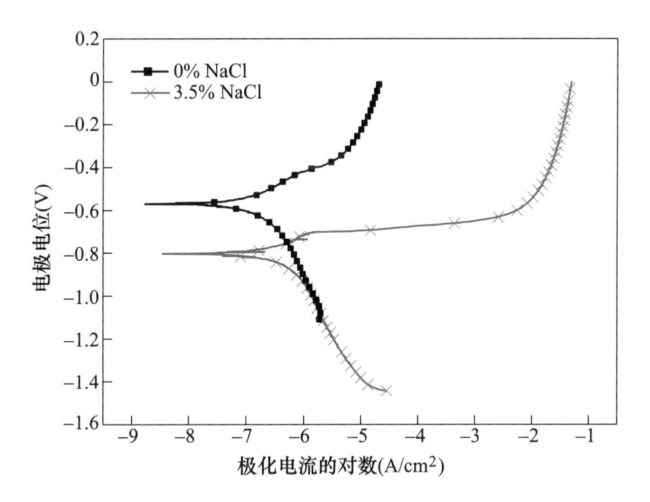

图 4-36　Cl^- 对 TA 铝合金接线板的腐蚀影响

通过失效铝合金接线板化学成分分析可知，失效铝合金接线板材料为 6 系 6A02 铝合金。6 系铝合金中 Mg、Si、Cu 是主要合金元素，合理控制 Mg、Si 和 Cu 的含量能够一定程度抑制 6 系铝合金的晶间腐蚀。但从失效 TA 用铝合金接线板的成分分析中来看 Mg 与 Si 质量的比值为 1.2，研究表明当 Mg 与 Si 质量的比值小于 1.73 时，晶界处会同时析出 Mg_2Si 相和 Si 粒子，在 Mg_2Si 相表面和 Si 粒子边缘的无沉淀带会首先产生腐蚀，然后腐蚀沿晶界 Mg_2Si 相和 Si 粒子边缘的无沉淀带发展，同时 Si 粒子的存在会协同促进 Mg_2Si 边缘无沉淀带的阳极溶解，促进腐蚀的发生和发展，从而导致铝合金表现出严重的晶间腐蚀敏感性。同时失效铝合金材料 Si 元素的过剩量为 0.75%，也有研究表明当 Si 的过剩量超过 0.06%时，在热处理过程中易在晶界处偏聚形成游离态的 Si，引起晶界附近 Si 贫乏区出现，在腐蚀环境下，基体易与晶界形成微电池，导致铝合金发生晶间腐蚀。另外，失效的铝合金中 Cu 元素含量为 0.22%。Cu 元素的存在能够一定程度提高铝合金强度，但同时降低了铝合金的耐腐蚀性能，且腐蚀敏感性随着 Cu 含量的增加而增加。当 Cu 元素的质量分数为 0.05%～0.1%时，热处理的铝合金有晶间腐蚀倾向，当高于 0.12%时，铝合金晶间腐蚀敏感性很强，这主要是由于晶界上会析出 $CuAl_2$ 相，晶界附近处会产生贫铜区，同样在腐蚀环境下，$CuAl_2$ 相与贫铜区形成腐蚀原电池，导致铝合金的腐蚀敏感性提高。

四、结论与建议

变电站电流互感器接线板用 6A02 铝合金在沿海含硫的工业环境下发生严重的晶间腐蚀现象，并且晶间腐蚀逐步向均匀腐蚀方向发展；腐蚀产物主要为铝的硫化物和氯化物，Cl^-

和硫化物是导致其腐蚀失效的主要环境影响因素，造成铝合金在短时间内发生腐蚀失效。

沿海工业环境下，变电站接线板及其他设备不适于在没有防护措施的情况下直接使用 6A02 铝合金，建议采用耐 Cl^- 及硫化物腐蚀的铝合金或腐蚀防护措施。

［案例 4-7］ 220kV 变电站电流互感器铝合金法兰应力腐蚀

一、案例简介

TA 压力释放膜法兰材质为铝合金。铝合金因其导电、导热性能优良，比重小，加工性能好及价格便宜等优点而广泛应用于变电站设备部件。铝合金在空气中自然形成氧化膜，可以一定程度上对基体起到防护作用。某 220kV 变电站在巡检过程中发现 TA 压力释放膜铝合金法兰腐蚀损伤严重，该 TA 压力释放膜铝合金法兰服役于我国东南近海，服役期约为 2 年。为找出该铝合金法兰腐蚀原因并给出防腐建议，提高变电站 TA 的安全运行能力，对其进行检验分析。

二、检测项目及结果

（一）宏观检查

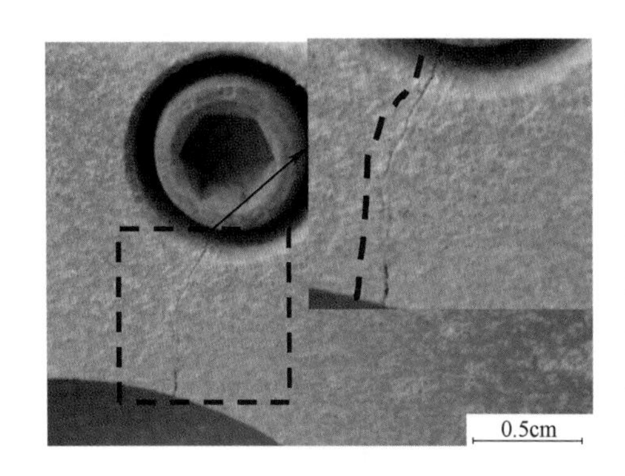

图 4-37　TA 压力释放膜铝合金法兰实际工况宏观腐蚀形貌

图 4-37 所示为 TA 压力释放膜铝合金法兰实际工况宏观腐蚀形貌，通过对其实际工况下的宏观形貌进行观察发现该铝合金法兰腐蚀明显，有大量白锈产生，并且在螺栓紧固受力处有明显的裂纹。取下法兰进行进一步观察，图 4-38 所示为 TA 压力释放膜铝合金法兰宏观腐蚀形貌分析，可以看出铝合金法兰表面覆盖有大量的白色腐蚀产物，腐蚀产物分布不均匀，部分区域锈迹较多；铝合金法兰表面共有 3 条明显的裂纹产生，裂纹都位于螺栓紧固受力处附近并在平面贯穿法兰，且 3 条裂纹基本对称分布在 6 个螺孔的 3 处位置；可以观察到铝合金法兰纵向同样被裂纹贯穿；此外，在裂纹靠近螺栓孔处及扩展位置处有大量的白色腐蚀产物堆积。从宏观形貌观察发现 TA 压力释放膜铝合金法兰在沿海环境腐蚀严重，并在螺栓紧固处产生腐蚀裂纹，贯穿试样。

（二）腐蚀环境分析

对腐蚀失效 TA 压力释放膜铝合金法兰服役环境进行分析，其服役于我国东南近海某变电站，该处大气环境为典型东南沿海高湿、高盐环境，年平均温度为 21.5℃；年平均湿度为 78%；大气环境中含有大量 Cl^-，Cl^- 年平均沉降量为 159mg/(m^2 · d)，Cl^- 的存在是引起铝及铝合金大气腐蚀的重要原因之一；加之，此变电站附近有多个工厂，有含 S 气体排放，导致该处工业污染严重，SO_2 年沉降量为 62.7μg/m^3，大气的污染组分是加速金属

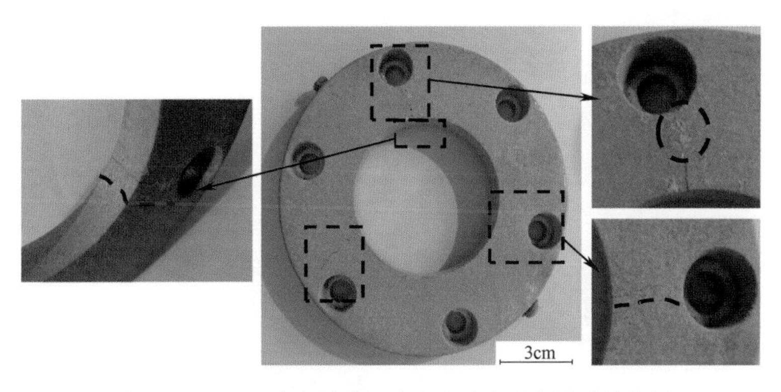

图 4-38　TA 压力释放膜铝合金法兰宏观腐蚀形貌分析

大气腐蚀的主要因素。此外，TA 压力释放膜铝合金法兰为受力结构件，在服役过程中需用紧固螺栓固定，存在应力腐蚀（SCC）风险。通过分析可知腐蚀失效铝合金法兰所处大气腐蚀环境相对恶劣，Cl^- 及 SO_2 等大气污染组分浓度较高，存在导致铝合金法兰腐蚀及 SCC 的环境因素及力学因素。

（三）化学成分

采用直读光谱仪分析 TA 压力释放膜铝合金法兰材料成分，其材料主要化学成分为（质量分数）0.23％Si；0.23％Fe；0.25％Cu；0.12％Mn；1.46％Mg；0.06％Cr；4.85％Zn；0.02％Ti；其余成分为 Al。经与 7A05 铝合金成分（质量分数）（0.25％Si、0.25％Fe、0.2％Cu、0.15～040％Mn、1.1～1.7％Mg、0.05～0.15％Cr、4.4～5.0％Zn、0.02～0.06％Ti、其余成分为 Al 余量）进行比对分析，TA 压力释放膜铝合金法兰成分中 Zn、Mg 和 Cu 的含量均与 7A05 铝合金相符，两者成分基本一致。其中，Fe 为杂质元素，成分相对偏少；Si 的主要作用为改善流动性能；Mn、Cr 和 Ti 的主要作用为细化晶粒并抑制 Fe 的有害作用。

（四）硬度试验

对 TA 压力释放膜铝合金法兰的布氏硬度进行测量，分别选取 3 个点（见图 4-39）进行测量，其布氏硬度分别是 130.48、127.69、128.44HBW，取均值后得到该合金的布氏硬度为 128.87HBW，硬度较为均匀。

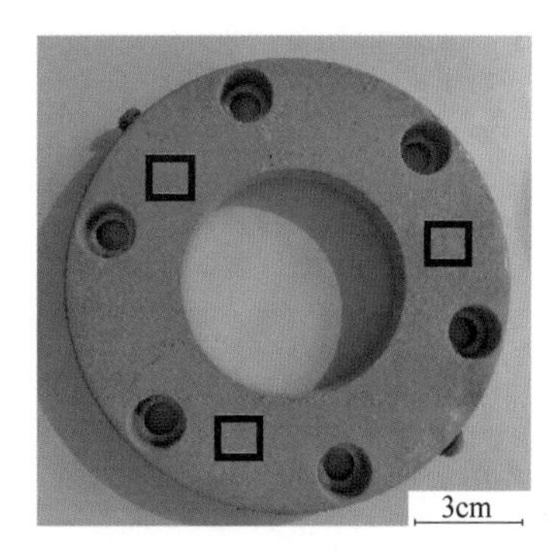

图 4-39　布氏硬度测量取点

通过比较分析，TA 压力释放膜铝合金法兰成分与 7A05 铝合金基本相符。7A05 铝合金属于 7×××系合金中的 Al-Zn-Mg 系合金，是高强度硬铝，具有密度低、加工性能好及焊接性能优良等优点，但其抗腐蚀能力不高，服役过程中存在 SCC 风险，SCC 是导致其失效的重要原因之一。

（五）腐蚀产物微观形貌

图 4-40 所示为 TA 压力释放膜铝合金法兰除锈前微观腐蚀形貌，可以看出法兰表面被大量腐蚀产物覆盖，腐蚀产物层相对致密，部分区域腐蚀产物层有小的裂纹产生，腐蚀产物在试样表面附着较好。

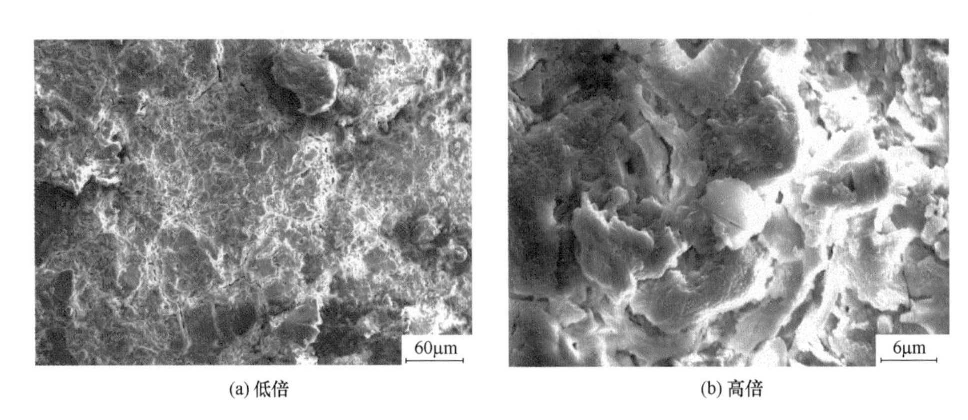

(a) 低倍　　(b) 高倍

图 4-40　TA 压力释放膜铝合金法兰除锈前微观腐蚀形貌

图 4-41 所示为 TA 压力释放膜铝合金法兰除锈后微观腐蚀形貌。除锈后可以看出，铝合金表面有大量的点蚀坑形成，点蚀坑的分布及大小不均，部分区域有点蚀坑相互连接的趋势。结合环境分析，失效铝合金法兰所处大气环境 Cl^- 浓度相对较高，Cl^- 会导致铝合金法兰表面点蚀现象的发生。

(a) 低倍　　(b) 高倍

图 4-41　TA 压力释放膜铝合金法兰除锈后微观腐蚀形貌

图 4-42 所示为失效 TA 压力释放膜铝合金法兰裂纹形貌，从图中可以看出，铝合金法兰裂纹内部存在大量腐蚀产物，腐蚀产物堆积在裂纹内部，且相对疏松。图 4-43 所示为 TA 压力释放膜铝合金法兰断口形貌，具有脆性特征，可以观察到解理和准解理形貌，并有明显的河流状形貌和二次裂纹。同时在断口形貌观察中可以看到明显的沿晶开裂形貌及断口特征，如图 4-44 所示。结合失效铝合金法兰宏观和微观腐蚀形貌观察，裂纹产生于法兰

紧固受力部分，说明裂纹的产生是由于腐蚀与应力共同导致的结果，腐蚀与应力相互影响，造成铝合金法兰 SCC，使其失效。

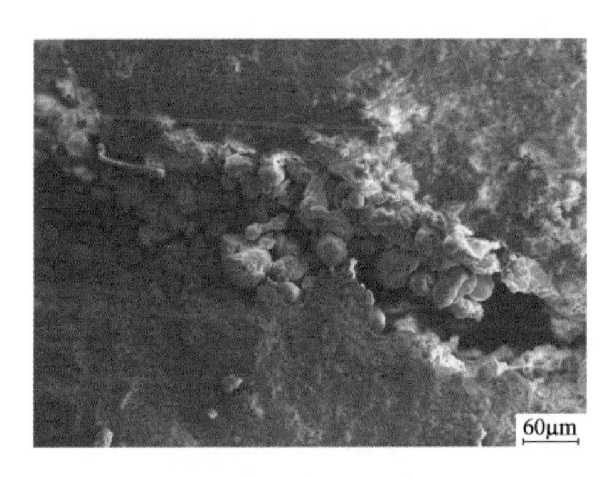

图 4-42 TA 压力释放膜铝合金法兰裂纹形貌

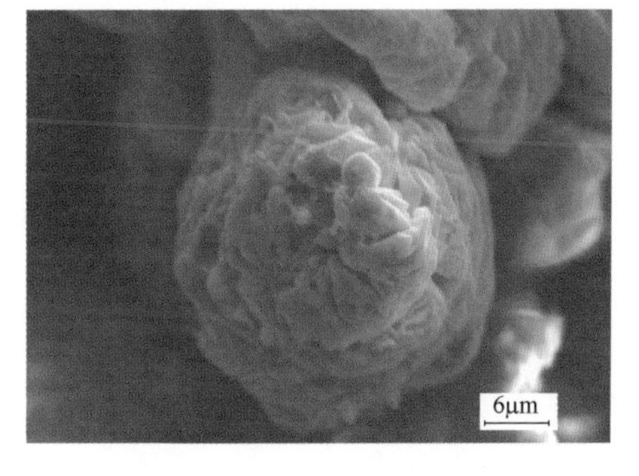

图 4-43 铝合金法兰断口形貌

（六）腐蚀产物成分

1. EDS 分析

图 4-45 所示为 TA 压力释放膜铝合金法兰腐蚀产物 EDS 分析，分别在铝合金法兰表面（*A* 点）及裂纹内部（*B*、*C* 点）取 3 点进行腐蚀产物 EDS 分析，从图中可以看出，法兰表面和裂纹内部腐蚀产物的元素种类基本一致，含量略有不同。腐蚀产物中都含有一定量的 O、N、S、P、Cl 等元素。说明该铝合金法兰工况环境中存在含有 O、S、Cl 等元素的腐蚀介质，Cl^- 的存在极易引起铝合金的点蚀现象发生，这与法兰微观腐蚀形貌观察结果一致。

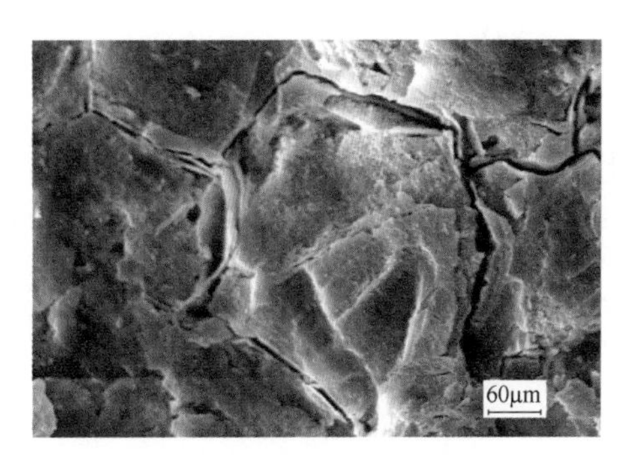

图 4-44 铝合金法兰断口沿晶开裂形貌

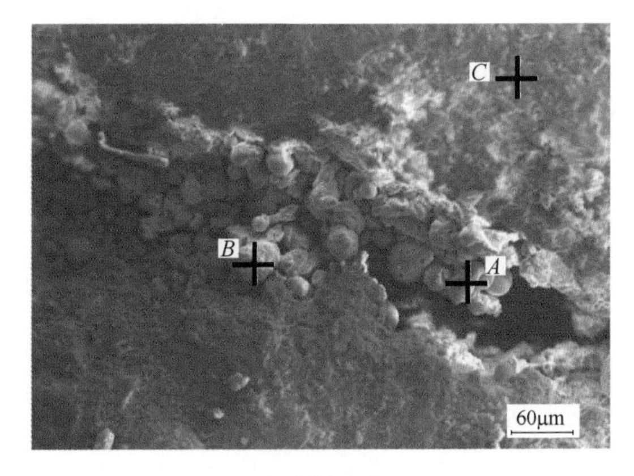

(a) 能谱分析部位

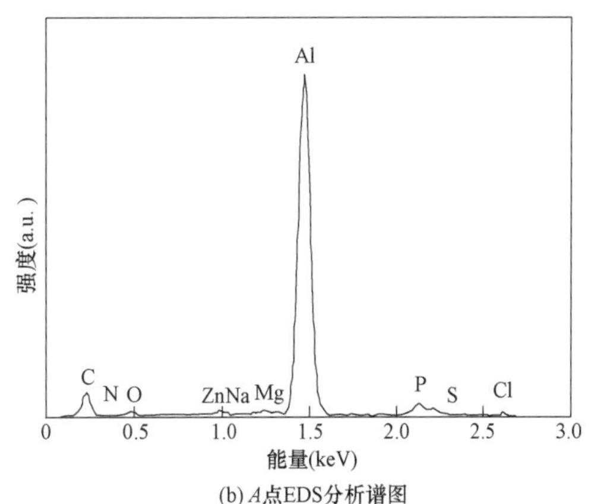

(b) *A* 点EDS分析谱图

图 4-45 TA 压力释放膜铝合金法兰腐蚀产物 EDS 分析谱图（一）

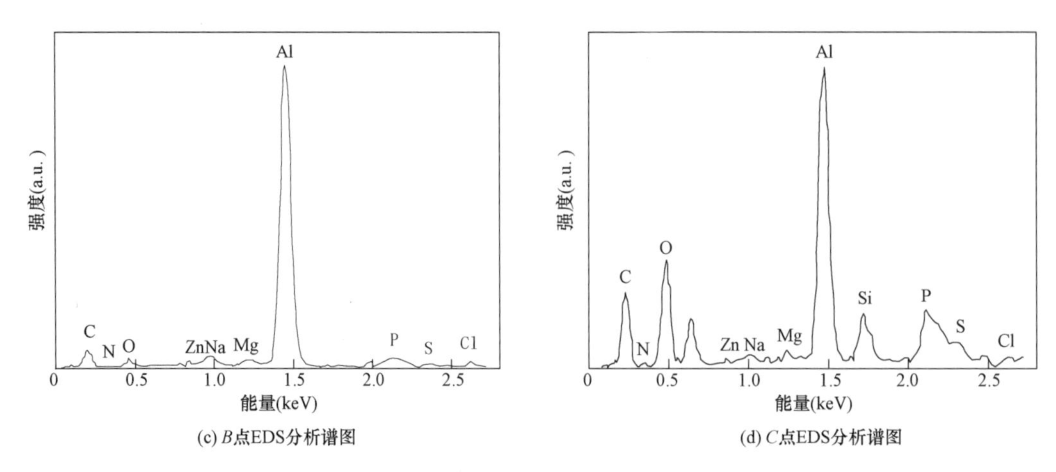

(c) B点EDS分析谱图　　(d) C点EDS分析谱图

图 4-45　TA 压力释放膜铝合金法兰腐蚀产物 EDS 分析谱图（二）

2. XRD 分析

图 4-46 所示为 TA 压力释放膜铝合金法兰腐蚀产物 XRD 图谱分析，由 XRD 分析得出此沿海环境下铝合金法兰腐蚀产物成分主要为 $AlPO_4$、$AlCl_3$、$MgCl_2$、$ZnAl_2S_4$。由腐蚀产物 XRD 分析结果，结合 EDS 分析，可知，Cl 和 S 等腐蚀性元素是铝合金法兰腐蚀失效的主要环境影响因素，其造成铝合金腐蚀并在应力的作用下导致 SCC。

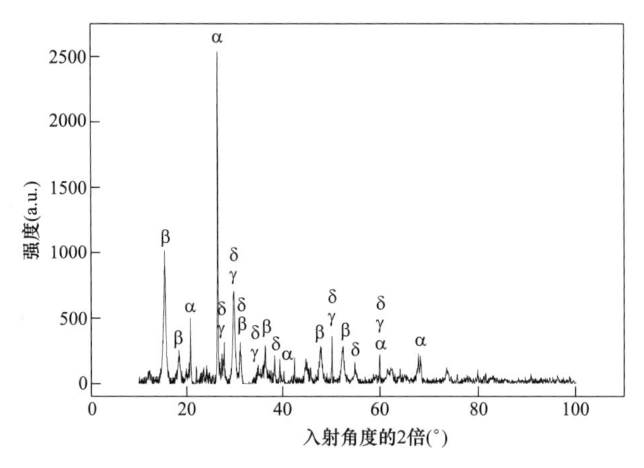

图 4-46　TA 压力释放膜铝合金法兰腐蚀产物 XRD 图谱分析

α—$AlPO_4$；β—$AlCl_3$；γ—$MgCl_2$；δ—$ZnAl_2S_4$

三、综合分析

结合实际工况环境分析及腐蚀产物分析，失效 TA 压力释放膜铝合金法兰服役的大气环境为沿海工业大气环境，含有大量 Cl、S 等腐蚀性元素，腐蚀产物中同样含有较多的 Cl、S 等元素。大气环境中污染成分是金属大气腐蚀的主要因素，其中 Cl^- 是影响铝合金腐蚀敏感性的重要因素，由图 4-47 中 Cl^- 对 TA 压力释放膜的腐蚀影响动电位极化曲线可以看出，一定浓度 Cl^- 导致铝合金的腐蚀电流密度明显增大，腐蚀电位明显降低，Cl^- 对铝合金的加速腐蚀效果明显。Cl^-会破坏铝合金表面的致密防护层，可以在铝合金表面氧化膜缺陷或材质不均匀等活性位置发生吸附，发生吸附的Cl^-与氧化膜发生化学反应，导致部分氧化膜减薄、破裂和铝的直接腐蚀，形成点蚀局部加速性溶解腐蚀现象。Cl^-经一系列反应，形成$AlCl_3$，反应步骤为

$$Al(OH)_3 + Cl^- \longrightarrow Al(OH)_2Cl + OH^-$$

$$Al(OH)_2Cl + Cl^- \longrightarrow Al(OH)Cl_2 + OH^-$$

$$Al(OH)Cl_2 + Cl^- \longrightarrow AlCl_3 + OH^-$$

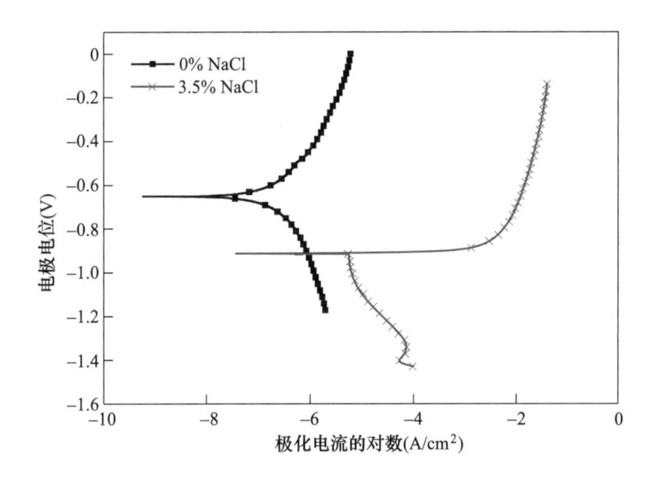

图 4-47　Cl^-对 TA 压力释放膜的腐蚀影响

同时工业大气环境中的SO_2吸附在铝表面溶解和水化，生成HSO_4^-，HSO_4^-被氧化成SO_4^{2-}，与铝合金发生反应，加速铝合金腐蚀。

通过观察失效铝合金宏观形貌可以看出，在铝合金法兰螺栓紧固受力处有明显的裂纹，装配应力可以导致铝合金表面局部氧化膜发生缺陷破坏，与Cl^-协同作用，形成点蚀。由图 4-48 铝合金法兰裂纹萌生处形貌可以看出，裂纹萌生于腐蚀缺陷处。由于在缺陷和点蚀处应力集中，点蚀处成为裂纹的萌生点，加之 Cl、S 等元素的进一步作用，发生腐蚀反应并在裂纹萌生及扩展路径处形成腐蚀产物堆积，腐蚀产物的堆积导致裂纹内部应力增大，应力与腐蚀环境的协同作用导致裂纹萌生及扩展。

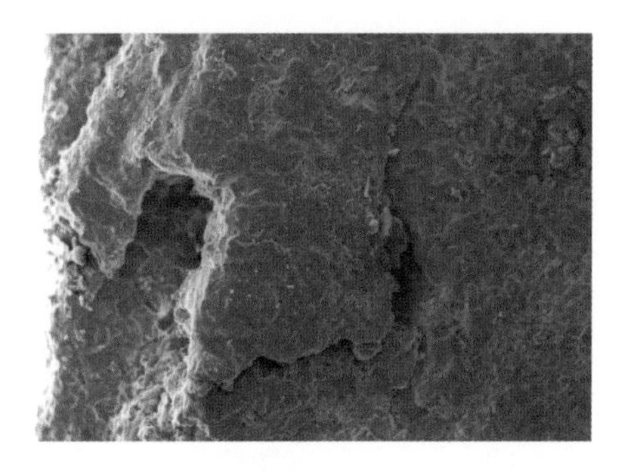

图 4-48　铝合金法兰裂纹萌生处形貌

失效铝合金法兰材料成分与 7A05 硬铝合金基本一致，7×××系铝合金易发生 SCC，通过沿海工业环境下其腐蚀失效分析发现腐蚀及 SCC 现象明显，不适于在没有防护措施的条件下应用于沿海工业环境的变电站。

四、结论与建议

沿海工业大气环境下，TA 压力释放膜铝合金法兰腐蚀严重，SCC 导致其失效，腐蚀产物以铝的氯化物为主。氯离子和硫离子是造成其腐蚀失效的主要环境因素，氯离子等腐蚀因素和应力共同作用导致其 SCC。

沿海工业环境变电站 TA 压力释放膜法兰应采用耐 S、Cl 腐蚀及抗 SCC 的铝合金材料，不应在没有防腐措施的条件下直接使用 7A05 铝合金，应采用耐 S、Cl 腐蚀的镀层、涂层或防腐油脂等防护措施对铝合金部件进行腐蚀防护。同时，TA 压力释放膜铝合金件在紧固时应尽量保持各螺栓受力相对均匀，在满足使用要求的条件下，受力不应过大，以降低 SCC 风险。

［案例 4-8］ 220kV 变电站直饮水管腐蚀泄漏

一、案例简介

某 220kV 变电站投运十年后，直饮水管发生开裂泄漏。该钢管直径为 89mm，壁厚为 4mm，材质为 12Cr17Mn6Ni5N 铬锰不锈钢。为找出该直饮水管开裂泄漏原因，避免同类失效再次发生，对其进行检验分析。

二、检测项目及结果

（一）宏观检查

对泄漏的直饮水管道进行宏观形貌检查，可以发现钢管焊缝热影响区靠近熔合线附近存在水渍，为钢管泄漏点，此外，整个钢管未见明显机械损伤及塑性变形，如图 4-49 所示。

(a) 整体形貌

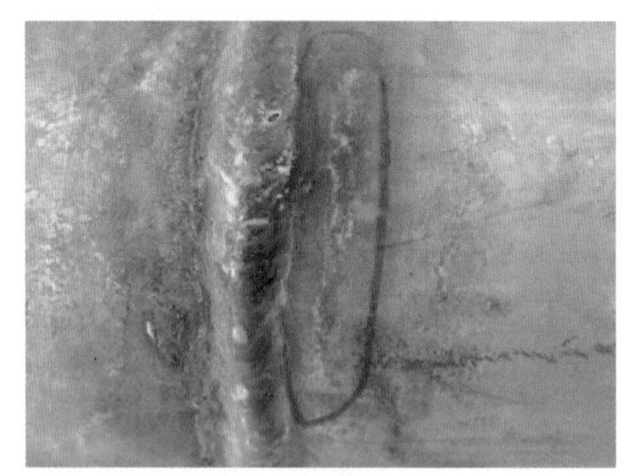

(b) 泄漏点

图 4-49　泄漏的直饮水管道宏观形貌

（二）显微组织分析

对泄漏的直饮水管道取样进行显微组织分析，其金相组织为单相奥氏体组织并伴有大量孪晶，组织未见明显变形，断面内存在多处腐蚀坑，局部区域晶粒已脱落，焊缝存在未熔合缺陷，具有典型的晶间腐蚀特征，如图 4-50 所示。

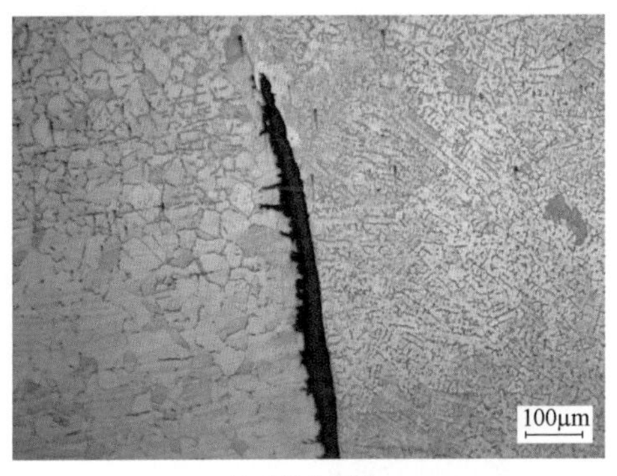

(a) 未熔合缺陷

(b) 晶粒脱落

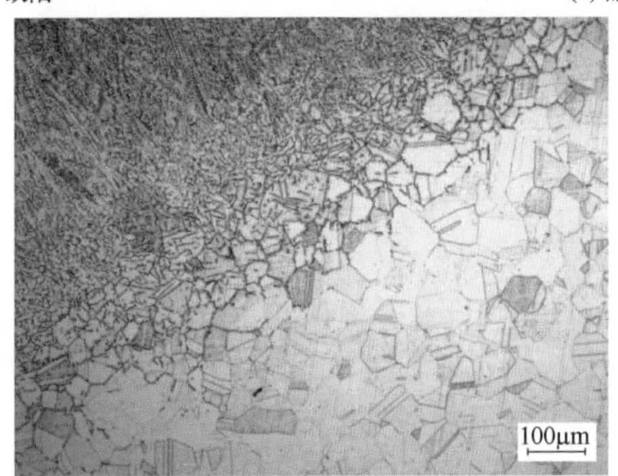

(c) 热影响区

图 4-50　直饮水管道各部位微观组织形貌

（三）化学成分分析

对泄漏的直饮水管道取样进行化学成分检测，检测结果见表 4-13。可以看出，直饮水管道中各元素含量符合 GB/T 14976—2012《流体输送用不锈钢无缝钢管》对 12Cr17Mn6-Ni5N 铬锰不锈钢的要求。

表 4-13　　**直饮水管道化学成分检测结果**　　%

检测元素	C	Si	Mn	P	S	Cr	Ni	N
实测值	0.09	0.43	8.00	0.040	0.005	16.64	1.03	0.08
标准要求	≤0.15	≤1.00	8.00～10.50	≤0.050	≤0.030	16.00～18.00	3.50～5.50	0.05～0.25

（四）微区形貌与能谱分析

利用扫描电镜对直饮水管道断口进行微区形貌分析，可以发现其断面内存在大量的沿晶开裂的微裂纹，与不锈钢晶间腐蚀开裂的微观特征一致，如图 4-51 所示。利用能谱分析仪 EDS 对图 4-52 所示的腐蚀产物进行成分分析，分析结果见图 4-53 和表 4-14。结果表明，该腐蚀产物中含有能够加快不锈钢钢晶间腐蚀速度的氯元素。

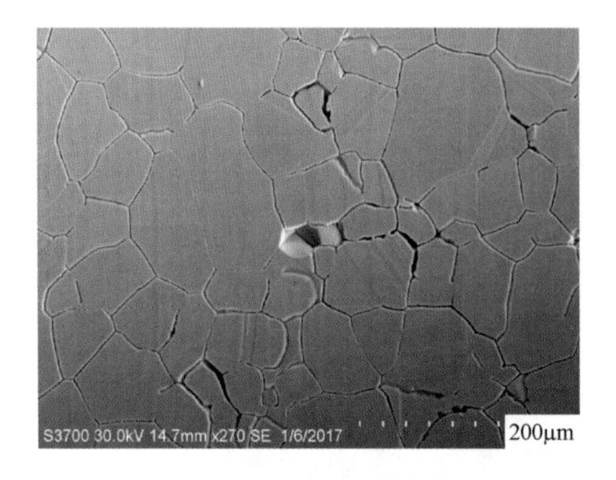

图 4-51　直饮水管道断面微观形貌

图 4-52　能谱分析区域

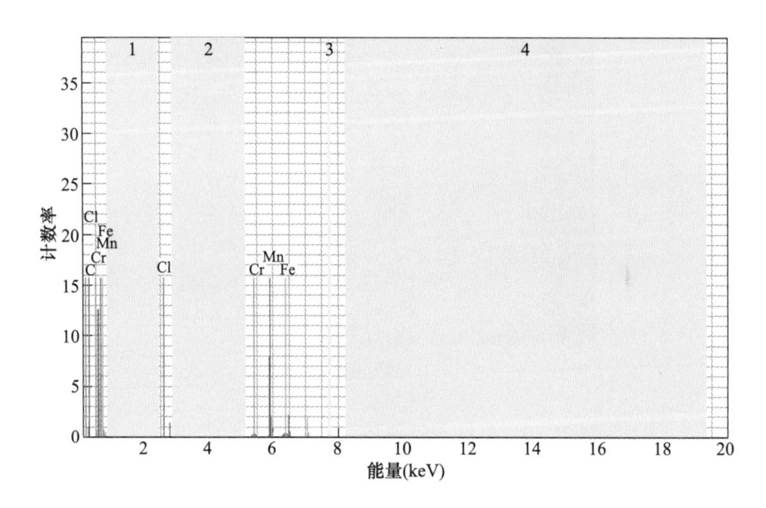

图 4-53　能谱分析图

表 4-14　腐蚀产物成分能谱分析结果　%

检测元素	C	Cr	Mn	Fe	Cl
实测值	8.56	22.97	12.09	56.18	0.52

三、综合分析

奥氏体不锈钢含有较高的铬，铬易氧化形成致密的氧化层保护膜，可以阻止氧化介质的渗入，同时一旦该氧化膜遭到破坏，可以自行修复。此外，铬能提高钢的电极电位，当铬含量大于11%时，不锈钢具有良好的耐蚀性。

室温下，碳在奥氏体中的溶解度约为0.02%，而直饮水管道中的碳含量为0.09%，远高于0.02%。当对奥氏体不锈钢管进行焊接时，焊缝周围金属材料可被加热到400～910℃，此时，碳在不锈钢晶粒内部的扩散速度大于铬的扩散速度。这样，溶解不了的多余的碳就不断地向奥氏体晶粒边界扩散，并和铬化合，在晶间形成碳和铬的化合物$Cr_{23}C_6$。而铬的扩散速度较小，来不及向晶界扩散，因此在晶间所形成的碳化铬所需的铬主要不是来自奥氏体晶粒内部，而是来自晶界附近，结果就使晶界附近的含铬量大为减少，当晶界

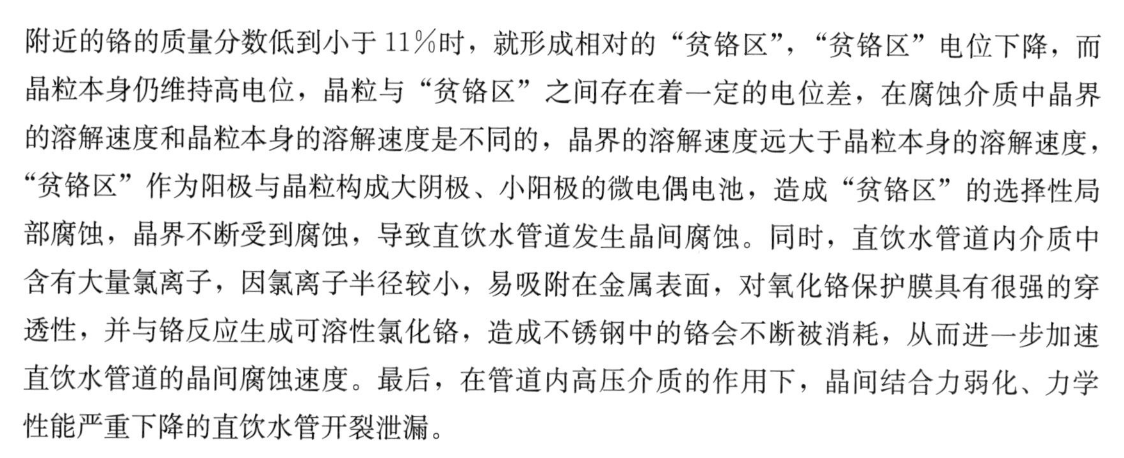

附近的铬的质量分数低到小于11%时，就形成相对的“贫铬区”，“贫铬区”电位下降，而晶粒本身仍维持高电位，晶粒与“贫铬区”之间存在着一定的电位差，在腐蚀介质中晶界的溶解速度和晶粒本身的溶解速度是不同的，晶界的溶解速度远大于晶粒本身的溶解速度，“贫铬区”作为阳极与晶粒构成大阴极、小阳极的微电偶电池，造成“贫铬区”的选择性局部腐蚀，晶界不断受到腐蚀，导致直饮水管道发生晶间腐蚀。同时，直饮水管道内介质中含有大量氯离子，因氯离子半径较小，易吸附在金属表面，对氧化铬保护膜具有很强的穿透性，并与铬反应生成可溶性氯化铬，造成不锈钢中的铬会不断被消耗，从而进一步加速直饮水管道的晶间腐蚀速度。最后，在管道内高压介质的作用下，晶间结合力弱化、力学性能严重下降的直饮水管开裂泄漏。

四、结论与建议

综上分析，直饮水管道因焊接工艺控制不当，在不锈钢敏化温度区间停留时间过长，使得焊缝热影响区附近管材晶界贫铬、耐蚀性下降，导致钢管的晶间腐蚀，同时管内介质中的氯离子进一步加剧了晶间腐蚀程度。最终在直饮水管道介质内压的作用下，钢管开裂泄漏。

建议：①直饮水管道焊接后应立即进行固溶处理，使碳化物完全溶解并保留在奥氏体中，以提高其抗晶间腐蚀能力；②应严格控制直饮水管道的焊接工艺参数，选择较低的焊接热量和层间温度，加快焊缝的冷却速度，减少其在敏感温度下的停留时间，避免晶间腐蚀的发生；③建议尽可能选择含碳量较低的不锈钢管作为直饮水管道，以避免碳与铬反应生成碳化铬，并降低其晶间腐蚀倾向。同时因钛和铌能优先与碳反应生成化合物，故在不锈钢中加入适量的钛和铌元素，可以有效消耗晶界附近过饱和的碳，避免碳与铬结合形成贫铬区而发生晶间腐蚀。

第五章

输变电设备土壤腐蚀失效案例分析及预防

第一节　输变电设备的土壤腐蚀的影响因素

电网设备的土壤腐蚀不仅会造成能源浪费，还会引发火灾、爆炸等安全事故，威胁生命安全，污染环境，后果十分严重。土壤组成和性质复杂多变，且具有明显的地域性、季候性，不同土壤间腐蚀性差别很大，因此充分认识土壤复杂性对研究土壤腐蚀十分重要。相对于大气和海水，土壤介质主要有多相性、多孔性、不均匀性、相对固定性、腐蚀因素多样性几方面特点。

在土壤的诸多理化性质中，与腐蚀有关的土壤理化性质参数主要有孔隙度、含水量、酸碱度、盐含量、电阻率、氧化还原电位、微生物种类及含量等，这些因素或单独起作用，或几种因素结合起来共同影响金属材料在土壤中的腐蚀行为。

金属材料在土壤中的腐蚀本质上是电化学腐蚀。由于土壤颗粒组成的固体骨架中充满空气、水和不同的盐类以及土壤多相性、不均匀性，金属材料通过土壤介质进行离子交换形成宏观腐蚀电池，不同部位间产生电位差。此外，金属材料自身组织的不均匀性同时会与接触的土壤介质形成腐蚀微电池。

土壤电阻率是含水率、含盐量、pH 值、土壤质地、温度和松紧度等性质综合作用的结果，是反映土壤导电能力的一个综合因素，常用作判断土壤腐蚀性的最基本参数。土壤电阻率变化范围很大，从小于 1Ω·m 到上千 Ω·m。按照土壤电阻率大小来划分土壤的腐蚀性是大部分国家常用的方法，并且制定了各自的标准。一般而言，土壤电阻率小、腐蚀性强，这对大多数情况都是适用的，但是有些场合违反这一规律，例如，在高电阻率高含盐量的土壤地区，则呈现土壤电阻率大、腐蚀性也大的现象，因此，单纯依靠电阻率评价土壤腐蚀性会出现误判。

土壤腐蚀基本上是由阴极过程控制的，通常阴极反应为吸氧反应，氧浓度的主要影响因素是土壤含水率。一般而言，含水率越大，氧在土壤中传质越慢，土壤含氧量越低；反之亦然。因此，金属在土壤中的腐蚀在很大程度上受含水率制约：①土壤中水分的存在，是土壤可以作为电解质的前提条件；②土壤中多种理化性质会随含水率变化而变化，进而影响金属在土壤中的腐蚀过程；③金属在土壤中的腐蚀类型主要决定于金属表面能否形成连续均匀的液相膜。当含水率较小时，液相膜不够连续均匀，局部差异明显将导致金属发生局部腐蚀；当含水率较大时，液相膜连续均匀，局部差异微小导致金属发生全面腐蚀。

pH 值是表征土壤酸碱度的化学指标，决定于土壤中 H^+ 和 OH^- 的相对活度。土壤中的 H^+ 和 OH^- 的活度会直接影响金属腐蚀反应的阴极过程。在强酸性土壤中，金属腐蚀反应的阴极过程不是氧的去极化，而是 H^+ 的去极化；在中性和碱性土壤中，金属腐蚀反应的阴极过程是氧的去极化。此外，酸碱度直接影响金属腐蚀产物在土壤中的溶解过程，进而影响金属材料在土壤中的腐蚀速度。

从电化学角度看，土壤中的盐分和水分促使土壤具有电化学腐蚀性，可以腐蚀其中的金属材料。土壤中的含盐量一般在 2%以内，很少超过 5%。它是电解液的主要成分，直接影响土壤电阻率、氧含量，进而影响金属在土壤中的电极电位。土壤中盐类不仅仅作为电解质存在，还能够直接参与电极反应。实践证明，土壤中的阳离子（如 K^+、Na^+、Ca^{2+}、Mg^{2+}、Al^{3+}等）对土壤腐蚀性的影响不明显，而阴离子对土壤腐蚀电化学过程有直接的影响。其中以 Cl^- 对金属材料的破坏最大，它能促进土壤腐蚀的阳极过程，并能穿透金属钝化层，与金属材料反应生成可溶性腐蚀产物。因此，土壤中 Cl^- 含量越高，土壤腐蚀性越强。其他对土壤腐蚀性有较大贡献的阴离子主要有 SO_4^{2-}、CO_3^{2-} 和 HCO_3^-，各个离子对土壤腐蚀的作用又各有不同。

土壤氧化还原电位是反映土壤中各种氧化还原平衡的一个多系列的无机、有机综合体系，它包括氧体系、氢体系、铁体系、锰体系、硫体系和有机体系等。土壤的氧化还原电位和土壤电阻率一样是判断土壤腐蚀性的主要指标，一般认为在－200mV 以下的厌氧条件下腐蚀激烈，易受到硫酸盐还原菌的作用，故在低的土壤氧化还原条件下，要注意厌氧微生物导致金属的土壤微生物腐蚀。

第二节　输变电设备的土壤腐蚀及失效案例

土壤腐蚀包括氧浓差腐蚀、杂散电流腐蚀及微生物腐蚀等多种形式，本节通过混凝土电杆拉线棒氧浓差腐蚀、输电线路接地扁铁腐蚀、输电铁塔铁腿腐蚀等六个失效案例，为大家详细介绍输变电设备土壤腐蚀的特点、规律及防治措施。

［案例 5-1］　110kV 混凝土电杆拉线棒腐蚀损伤

一、案例简介

混凝土电杆拉线塔因自身质量轻、塔材用量少、施工方便等优势，在电力输电线路中被广泛应用。拉线棒作为拉线塔的重要组成部分，起着支撑杆塔和抵抗风压的作用，对输电线路的安全稳定运行至关重要。拉线棒底端与拉线盘相连埋在土壤中，在土壤中多种因素的综合影响下，化学腐蚀与电化学腐蚀不可避免。一旦拉线棒发生腐蚀，其有效截面积减小，承载力下降，当遇到大风暴雪等极端天气时，将发生断线、倒塔以及大面积停电等事故，严重危害电网的安全稳定运行。

某供电局输电检修人员在巡检过程中，发现某110kV输电线路部分预应力混凝土电杆拉线棒腐蚀锈蚀严重，存在断裂隐患。该条输电线路位于牧区，周围无工业污染，腐蚀损伤的拉线棒直径为18mm，材质为Q235B，表面采用热镀锌防腐工艺处理。为找出拉线棒腐蚀损伤原因，避免同类失效再次发生，对其进行检验分析。

二、检测项目及结果

（一）宏观检查

对腐蚀损伤的混凝土电杆拉线棒进行宏观形貌观察，发现黑褐色的腐蚀产物呈片层状分布在电杆拉线棒表面，拉线棒埋地部分存在不同程度的腐蚀，腐蚀严重部位截面积已减小至原截面积的20%；拉线棒表面镀锌层已完全脱落，锈层较厚且严重酥化，部分腐蚀产物已脱落，未见明显机械损伤及塑性变形，如图5-1所示。

(a) 整体情况

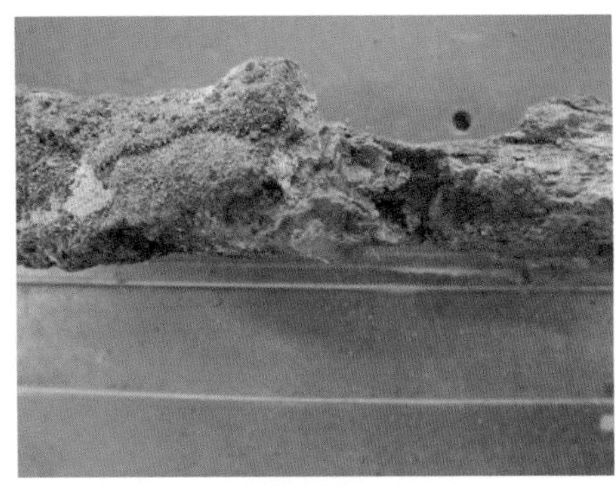

(b) 锈蚀严重部位

图5-1 腐蚀损伤的混凝土电杆拉线棒宏观形貌

（二）硬度检测与分析

对腐蚀损伤的混凝土电杆拉线棒取样进行硬度测试，结果表明，拉线棒硬度值在130～160HV之间。GB/T 700—2006《碳素结构钢》中对Q235材料无硬度要求，一般来说，该硬度范围基本符合使用要求。

（三）化学成分分析

从腐蚀损伤的混凝土电杆拉线棒取样进行化学成分检测，检测结果见表5-1。结果表明，拉线棒化学成分中各元素含量满足GB/T 700—《碳素结构钢》对Q235B钢的要求。

表5-1　　拉线棒的化学成分检测果　　%

检测元素	C	Si	Mn	P	S
实测值	0.16	0.15	0.48	0.026	0.017
标准要求	≤0.22	≤0.35	≤1.40	≤0.045	≤0.050

（四）显微组织分析

对腐蚀损伤的混凝土电杆拉线棒取样进行金相显微组织分析，可以看出，拉线棒的基体组织为等轴状分布珠光体＋铁素体，组织未见明显异常。拉线棒表面镀锌层已消耗殆尽且锈蚀较为严重，存在深浅不一的腐蚀凹坑及少量的腐蚀孔洞，如图 5-2 所示。

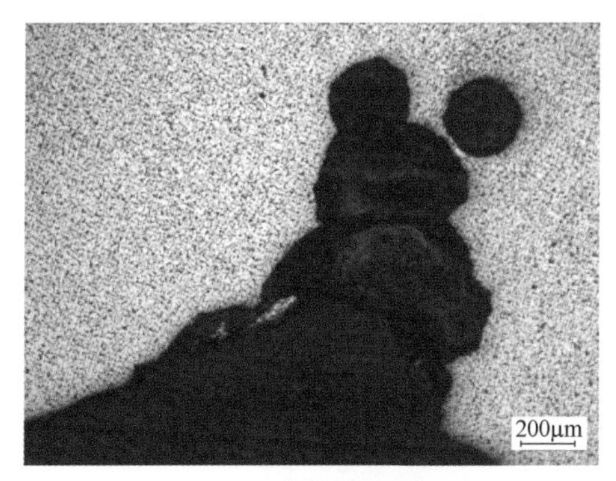

(a) 腐蚀孔洞

(b) 腐蚀坑

(c) 母材组织

图 5-2　腐蚀损伤的混凝土电杆拉线棒金相组织

（五）土壤理化性能分析

利用 ICP-600 型离子色谱仪、METTLER TOLEDOpH 值测试仪、DDS-11A 电导率仪等仪器对混凝土电杆附近的土壤样品进行了理化性能及离子含量检测（其中，Cl^- 含量采用离子色谱法测试，硫含量采用 ICP 法测试），检测结果见表 5-2。可以发现，混凝土电杆附近土壤中氯离子含量高达 1.01g/kg，硫含量高达 0.94g/kg，电导率为 3270μS/cm，pH 值为 8.91，属于碱性高盐土壤。

表 5-2　土壤样品理化性能及离子含量检测结果

检测项目	Cl^-（g/kg）	硫含量（g/kg）	电导率（μS/cm）	pH
实测值	1.01	0.94	3270	8.91

（六）力学性能试验

利用扫描电子显微镜（SEM）对腐蚀损伤的混凝土电杆拉线棒腐蚀产物微观形貌进行

检测，结果如图 5-3 所示。可以看出拉线棒表面腐蚀产物较致密，呈片层状，并伴有大量团簇状颗粒。

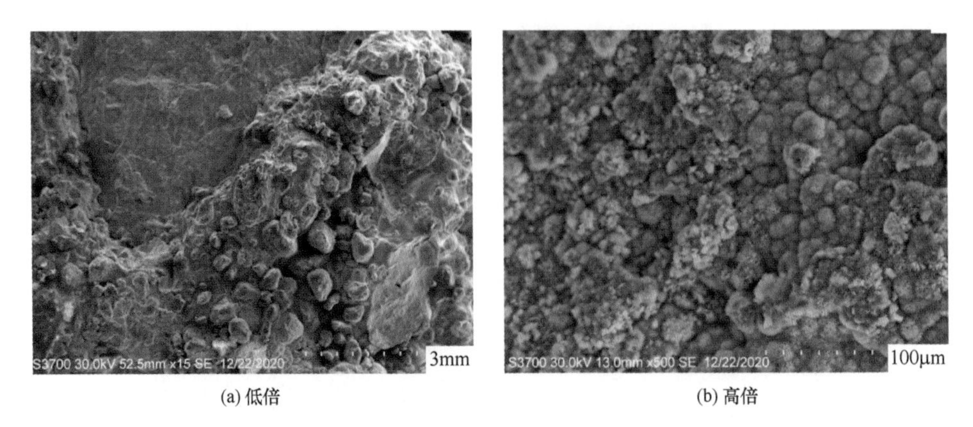

(a) 低倍　(b) 高倍

图 5-3　腐蚀产物的 SEM 形貌

利用能谱分析仪（EDS）对图 5-4 所示的混凝土电杆拉线棒腐蚀产物进行成分分析，检测结果见图 5-5 及表 5-3。可以看出，拉线棒腐蚀产物主要为铁和氧元素，未见其他腐蚀性元素，应为铁的氧化物。

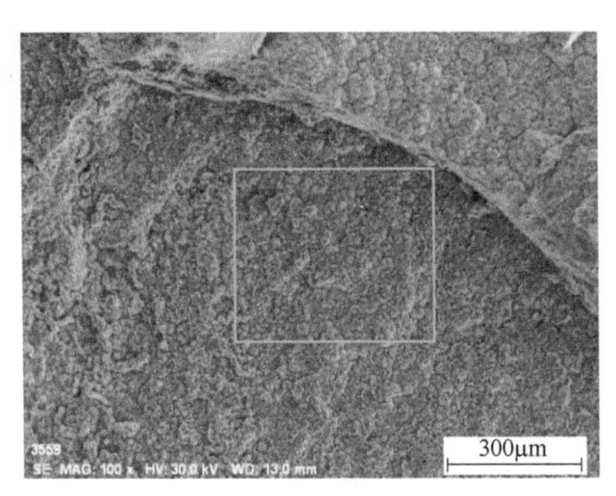

图 5-4　能谱分析区域

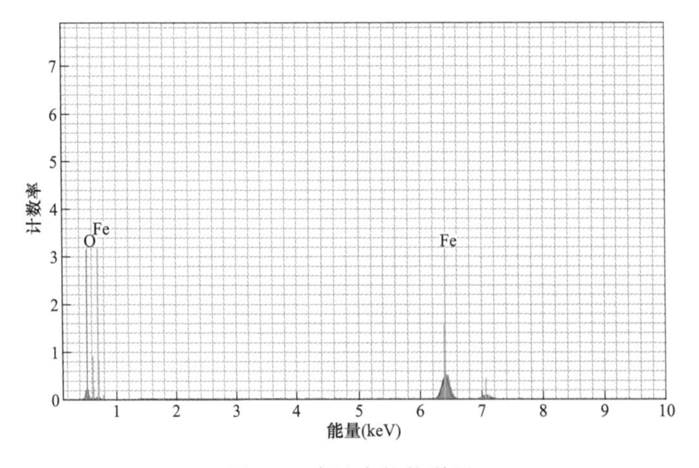

图 5-5　腐蚀产物能谱图

表 5-3　　腐蚀产物成分能谱分析结果　　%

检测元素	Fe	O
实测值	77.01	22.99

三、综合分析

经分析，混凝土电杆拉线棒材质与设计材质相符，因此排除材质错用造成的腐蚀失效。该 110kV 混凝土电杆处于地势平坦的牧区，无工业污染源，周围土壤中硫酸盐和氯盐等盐分含量较高，属于碱性高盐土壤。但该地区气候干燥、降雨较少且昼夜温差大，导致土壤中含水量较低，无法形成电解质溶液，因此土壤中盐分对拉线棒的腐蚀作用较弱。

拉线棒腐蚀产物中仅含有铁和氧，未发现其他腐蚀性元素，因此判断拉线棒的腐蚀损伤应为氧腐蚀所致。电杆拉线棒常年埋设于土壤中，由于组分、空隙度、含水量的不均匀性，使得土壤各点理化性质具有显著差异，造成拉线棒不同部位的电位差不相同，形成腐蚀原电池而不断腐蚀。在中性或碱性土壤中，拉线棒的电化学腐蚀情况分为阴极腐蚀过程和阳极腐蚀过程。这样，铁作为阳极不断溶解，阴极附近的氧则发生去极化反应。具体反应如下：

阳极反应为

$$Fe \longrightarrow Fe^{2+} + 2e$$

阴极反应为

$$O_2 + 2H_2O + 4e \longrightarrow 4OH^-$$

总体反应为

$$2Fe + O_2 + 2H_2O \longrightarrow 2Fe(OH)_2$$

当阳极附近氧浓度较高时，氢氧化亚铁与氧和水反应生成氢氧化铁，反应方程式为

$$4Fe(OH)_2 + O_2 + 2H_2O \longrightarrow 4Fe(OH)_3$$

但是，氢氧化铁的结构非常不稳定，它将进一步转化为更稳定的羟基氧化铁或氧化铁。具体转化过程为

$$Fe(OH)_3 \longrightarrow FeOOH + H_2O$$

$$2Fe(OH)_3 \longrightarrow Fe_2O_3 \cdot 3H_2O \longrightarrow Fe_2O_3 + 3H_2O$$

土壤是由土粒、水、气体等多种组分构成的极其复杂的不均匀多相体系。研究表明，不同深度土壤的空隙度和湿度存在明显差异，表层土壤中的水分容易蒸发，使得其干燥疏松，氧更容易渗入，所以含氧量较多；而随着土壤深度的增加，土壤的湿度和致密度较表层土壤高，氧通过困难，故含氧量较少。这样，在氧含量悬殊的土壤中，拉线棒埋设于土壤中的部分形成氧浓差腐蚀电池，与氧含量较高的土壤接触的部分称为宏观腐蚀电池的阴极区，而与氧含量较少的深层土壤接触的部分称为腐蚀的阳极区而受到严重的腐蚀，具体的腐蚀过程按上述反应方程进行。随着拉线杆的氧浓差腐蚀的进行，埋设位置较深的拉线

棒截面积不断减小，承载力大幅度下降，这样在拉应力的作用下，拉线棒极易发生断裂，造成倒塔。

四、结论与建议

110kV 混凝土电杆拉线棒腐蚀损伤主要是因为土壤中氧浓度分布的不均匀性，造成拉线棒埋地部分不同部位的电极电位明显不同而发生氧浓差腐蚀损伤，使其截面积不断减小，承载能力严重下降，给输电线路的安全稳定带来了极大的风险。

建议：①应加强对在役输电线路混凝土电杆拉线棒的巡视力度，发现腐蚀损伤严重或断裂的应及时更换；②新更换的拉线棒表面应采用热镀锌防腐，镀锌层最小厚度不低于 85 μm，拉线棒直径不应小于 16mm，以保证其耐蚀性及强度；③建议在条件允许的情况下，采用混凝土加固灌注技术解决输电铁塔拉线棒的腐蚀问题，以免再次出现类似腐蚀失效；④因拉线棒埋设地下而具有一定的隐蔽性，这样采用常规手段确定其实际腐蚀情况十分困难，近年来导波检测技术及电磁超声检测技术在接地网及地脚螺栓的腐蚀检测方面取得了较大的突破，可以引入这些无损检测新技术来代替开挖检查，实现拉线棒腐蚀锈蚀程度的不开挖检测。

[案例 5-2]　110kV 输电铁塔接地扁钢腐蚀

一、案例简介

随着电力系统容量的增大和电压等级的升高，接地网的可靠性和稳定性对输电线路的安全尤为重要。由于接地装置长期处于地下恶劣的运行环境中，土壤的化学与电化学腐蚀不可避免，同时还要承受地网杂散电流的腐蚀。一旦接地装置发生腐蚀失效，会导致接地体的有效面积减小，造成其导电性能下降，同时电阻增大，使接地网无法正常排流，在遭受雷击或短路时，极易引发线路跳闸，造成大面积停电事故。

某供电局巡视人员在巡检过程中，发现 110kV 输电线路接地扁钢存在严重腐蚀问题，其中一根塔腿的接地引下线由于腐蚀较严重已断开，腐蚀部位在接地扁钢与土壤交界处。通过对部分杆塔开挖检查，发现全线接地扁钢普遍存在不同程度腐蚀现象，5 处接地扁钢已完全断开，大部分接地扁钢锈蚀严重，存在断裂隐患。为找出接地扁钢腐蚀原因，避免同类失效再次发生，对其进行检验分析。

二、检测项目及结果

（一）宏观检查

对腐蚀损伤的输电铁塔接地扁钢进行宏观形貌观察，发现铁塔接地扁钢埋地部分表面镀锌层已完全脱落并发生明显腐蚀减薄，部分区域接地扁钢已严重酥化、穿孔，接近完全断裂状态。黄褐色的腐蚀产物呈层片状分布在接地体表面，部分腐蚀产物已脱落，未见明显机械损伤及塑性变形。接地扁钢地上部分镀锌层保存相对较好，表面均匀光滑，呈银白色且具有金属光泽，与冷镀锌工艺的镀层特点相符，如图 5-6 所示。

(a) 现场情况

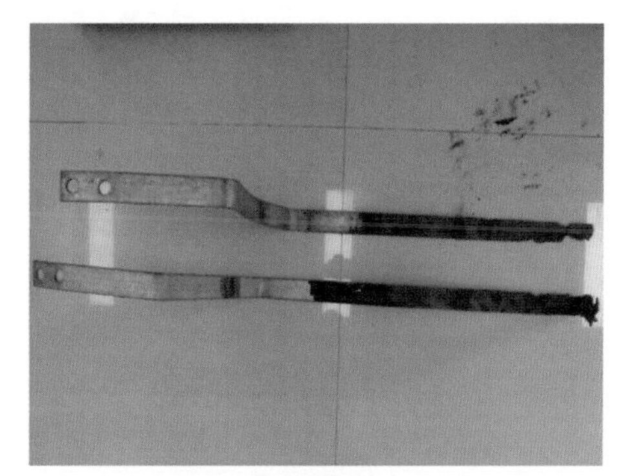

(b) 整体情况

(c) 地上未腐蚀区域

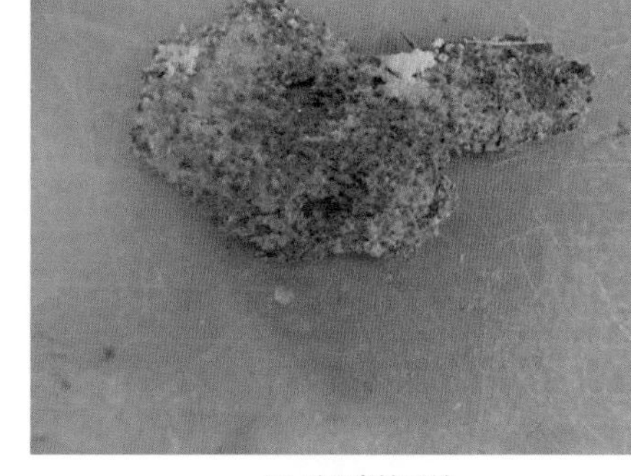

(d) 严重腐蚀区域

图 5-6　腐蚀损伤的输电铁塔接地扁钢宏观形貌

（二）镀锌层检测与分析

为准确评估腐蚀损伤的接地扁钢镀锌层质量，利用 MiniTset 740 镀锌层测厚仪对输电铁塔地上部分接地扁钢表层镀锌层厚度进行测量。可以看出，地上部分的接地扁钢镀锌层厚度在 2.3～13.2μm 之间，远低于 DL/T 1342—2014《电气接地工程用材料及连接件》中对接地扁钢镀锌层最小厚度大于或等于 70μm、平均厚度大于或等于 85μm 的要求。

（三）显微组织分析

对腐蚀损伤的输电铁塔接地扁钢取样进行金相显微组织分析，可以看出，腐蚀的接地扁钢的基体组织为少量带状珠光体＋块状铁素体＋沿晶分布的三次渗碳体，接地体表面存在深浅不一的腐蚀凹坑，部分腐蚀孔洞已贯穿整个接地扁钢，接地扁钢表面大部分区域镀锌层已脱落，未脱落部分镀锌层最大厚度仅为 12μm，远低于标准要求的 70μm，如图 5-7 所示。

（四）化学成分分析

从腐蚀损伤的输电铁塔接地扁钢取样进行化学成分检测，检测结果见表 5-4。结果表明，接地扁钢化学成分中各元素含量满足 GB/T 700—2006《碳素结构钢》对 Q235B 钢的要求。

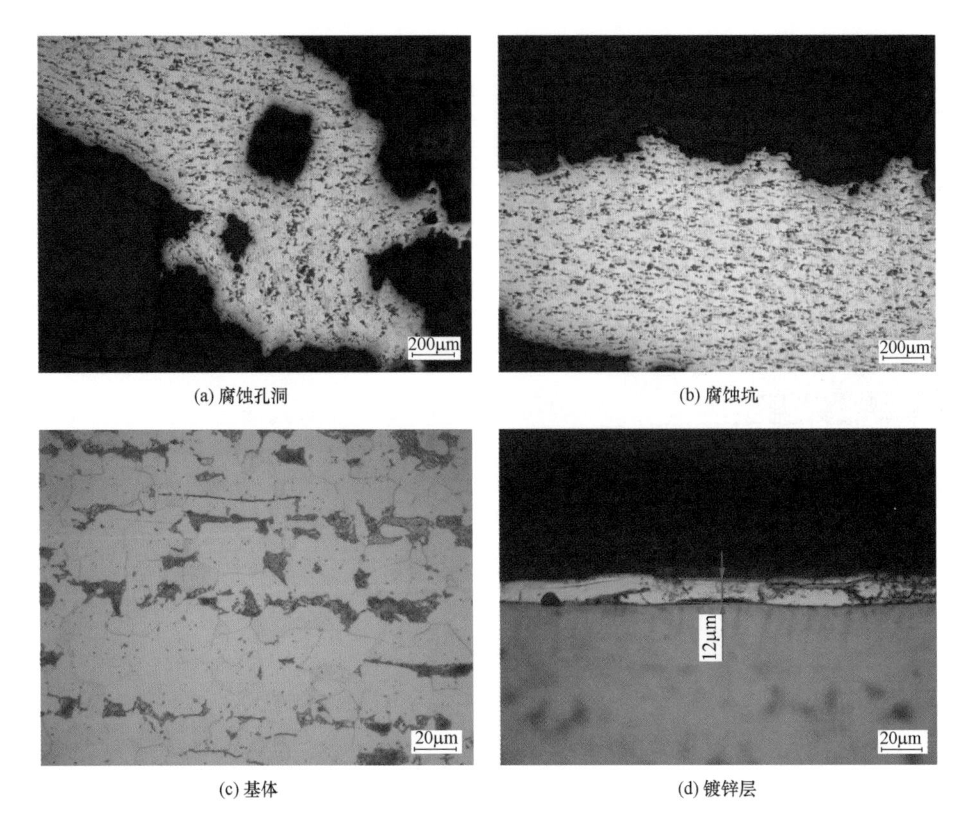

(a) 腐蚀孔洞　(b) 腐蚀坑

(c) 基体　(d) 镀锌层

图 5-7　腐蚀损伤的输电铁塔接地扁钢金相组织

表 5-4　　腐蚀损伤的接地扁钢化学成分检测结果　　%

检测元素	C	Si	Mn	P	S
实测值	0.19	0.11	0.42	0.001	0.023
标准要求	≤0.20	≤0.35	≤1.40	≤0.045	≤0.045

（五）土壤理化性能分析

对腐蚀损伤的输电铁塔接地体附近土壤样品进行了理化性能及离子含量检测，结果见表 5-5。可以发现，铁塔接地体附近土壤中氯离子含量高达 3.93g/kg，硫含量高达 1.32g/kg，电导率为 4320μS/cm，pH 值为 8.57，属于碱性高盐土壤。

表 5-5　　土壤样品理化性能及离子含量检测结果

检测项目	Cl^-（g/kg）	硫含量（g/kg）	电导率（μS/cm）	pH
测试值	3.93	1.32	4320	8.57

（六）腐蚀产物形貌及能谱分析

利用扫描电子显微镜（SEM）对腐蚀损伤的输电铁塔接地扁钢腐蚀产物微观形貌进行检测，结果如图 5-8 所示。可以看出接地体表面腐蚀产物较致密，呈沟槽状，并伴有大小不一的块状颗粒。

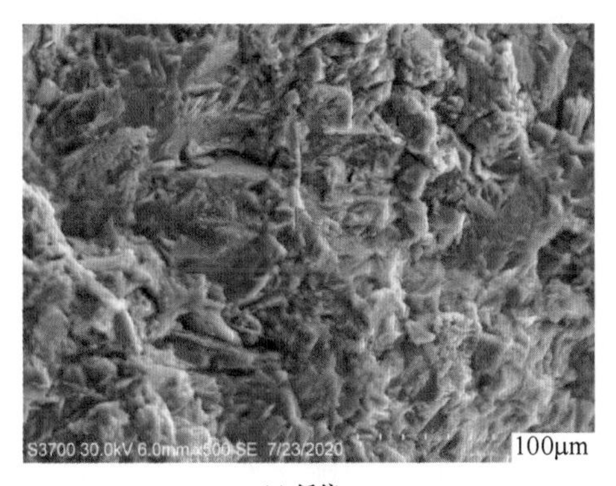

(a) 低倍

(b) 高倍

图 5-8　腐蚀损伤的接地扁钢腐蚀产物 SEM 形貌

利用能谱分析仪（EDS）对图 5-9 所示的输电铁塔接地扁钢腐蚀产物进行成分分析，能谱分析结果见图 5-10 及表 5-6。可以看出，接地扁钢腐蚀产物主要为铁的氧化物、氯化物及硫酸盐；接地扁钢表面的硅主要以氧化硅的形式存在，应为砂石吸附在拉线棒表面所致；腐蚀产物中的铬，应为接地扁钢母材混入腐蚀产物所致。

图 5-9　能谱分析部位

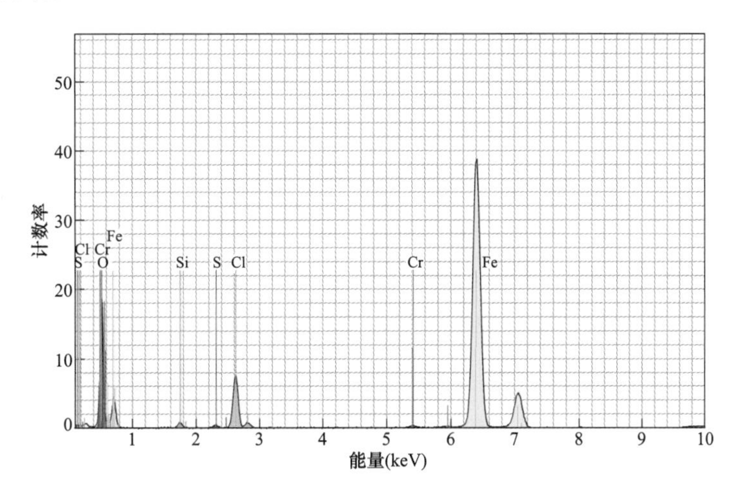

图 5-10　能谱分析图

表 5-6　**腐蚀产物能谱分析结果**　%

检测部位	Fe	O	Si	S	Cl	Cr
测试值	69.14	24.00	0.74	0.28	5.58	0.26

三、综合分析

腐蚀损伤的输电铁塔接地扁钢化学成分符合标准要求，无错用材质现象。从宏观形貌及镀锌层厚度测试结果，可以看出接地扁钢防腐工艺为冷镀锌工艺，镀锌层厚度远低于标准要求，耐腐蚀能力严重不足。

此外，输电线路位于黄灌区，周围为黄河水灌溉耕地，属于碱性高盐土壤。经测试，土壤中硫酸盐和氯盐等盐分含量较高，两者均溶于水，可分解为氯离子和硫酸根离子，对土壤腐蚀有促进作用，其含量越高，腐蚀性越强。主要体现在以下几个方面：

1）破坏钝化膜。氯离子因半径较小，对镀锌层表面形成的钝化膜穿透力极强且容易被金属表面吸附，对钝化膜的破坏作用极大。

2）阳极去极化作用。如果生成的二价铁离子不能及时扩散到土壤中而积累于阳极表面，阳极反应就会因此受阻。氯离子与二价铁离子反应生成氯化亚铁，游离态的氯离子会反复作用生成新的二价铁离子，并能透过金属腐蚀层和碳钢生成可溶性产物，加快金属腐蚀的阳极过程。

3）点蚀促进剂。氯离子可优先吸附在氧化膜上，将氧原子排挤掉，然后和氧化膜中的阳离子结合生成可溶性氯化物，在接地体基体上形成孔径为 20～30μm 的小腐蚀坑（孔蚀核），并在氯离子的催化作用下，点蚀电位下降，腐蚀坑不断扩大、加深。

4）在硫酸盐含量较高的土壤中，镀锌层极易被腐蚀生成硫酸锌，具有可溶性的硫酸锌，造成热镀锌层快速消耗最终失效。

5）导电作用。腐蚀电池的要素之一是要有离子通路，土壤中的氯离子和硫酸根离子强化了离子通路，降低了阴阳极之间的电阻，提高腐蚀电流的效率，加速电化学腐蚀过程。

因此，本次输电铁塔接地扁钢腐蚀损伤的主要原因为采用冷镀锌防腐工艺的接地扁钢耐蚀性不足造成镀锌防护层提前失效，这样失去保护的接地扁钢在碱性高盐土壤中快速腐蚀，出现大面积点蚀并不断减薄直至断裂。此外，沿晶分布的三次渗碳体导致接地体母材塑性严重下降，这样在剪切力的作用下存在较大的脆性断裂风险。

四、结论与建议

综上分析，110kV 输电铁塔接地扁钢腐蚀损伤主要是因为接地扁钢采用冷镀锌防腐工艺，耐腐蚀性能严重不足；另外，输电线路架设在黄灌区，接地扁钢长期处在氯离子和硫酸根含量较高的碱性高盐土壤中运行，在土壤的化学、电化学腐蚀及杂散电流腐蚀的综合作用下，发生严重的腐蚀减薄。

建议：①因为冷镀锌层耐腐蚀性能较差，所以电网设备中不得使用冷镀锌的接地扁钢；②应加强对黄灌区输电铁塔接地扁钢的检查力度，发现腐蚀减薄或断裂的接地扁钢应及时更换；③接地扁钢安装前应加强对镀锌层质量的检测和控制，避免镀锌层不合格的接地扁钢流入并使用到输电铁塔上；④鉴于输电铁塔接地体长期在碱性高盐土壤中运行，可适当加大接地体横截面积或将其材质更换为铜/铜覆钢，提高接地体的耐蚀性，以免再次发生类似腐蚀失效。

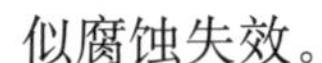

［案例 5-3］ 500kV 输电铁塔拉线棒锈蚀

一、案例简介

某供电公司巡视人员在巡检过程中，发现 500kV 输电铁塔拉线棒锈蚀严重，该线路处于某重工业园区附近，已投运 25 年，锈蚀拉线棒材质为 Q235B。为找出拉线棒锈蚀原因，避免同类失效再次发生，对其进行检验分析。

二、检测项目及结果

（一）宏观检查

对锈蚀的拉线棒进行宏观形貌观察，发现拉线棒杆部、U 形环及连接螺栓镀锌层已完全脱落并发生严重锈蚀，锈层表面呈麻坑状，腐蚀产物呈黄褐色，部分区域腐蚀产物已脱落，未见明显机械损伤及塑性变形，如图 5-11 所示。

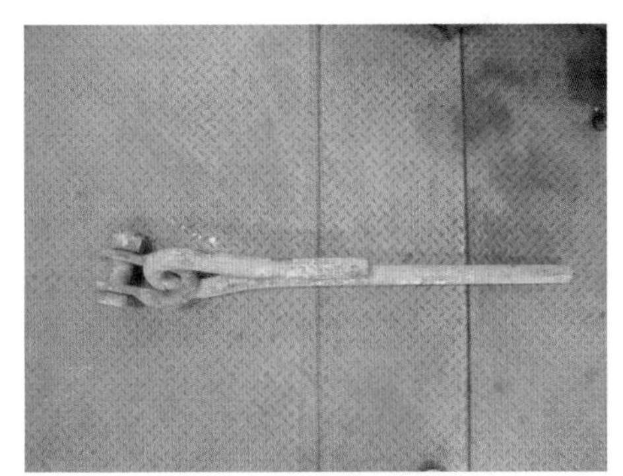

(a) 整体

(b) 杆部

(c) U形环及其连接螺栓

图 5-11 锈蚀的拉线棒宏观形貌

（二）化学成分分析

对锈蚀的拉线棒取样进行化学成分检测。检测结果显示，拉线棒及 U 形环中各元素的含量符合 GB/T 700—2006《碳素结构钢》对 Q235 碳素结构钢的成分的要求，检测结果见表 5-7。

表 5-7　　锈蚀拉线棒的化学成分检测结果　　%

检测部位	C	Si	Mn	P	S
杆部	0.17	0.19	0.51	0.017	0.021
U形环	0.15	0.20	0.49	0.015	0.025
标准要求	≤0.22	≤0.35	≤1.40	≤0.045	≤0.050

（三）显微组织分析

对锈蚀的拉线棒取样进行金相显微组织分析，可以看出，U形环、连接螺栓及螺母的组织均为珠光体＋铁素体，组织未见异常；拉线棒杆部金相组织为条带状的珠光体＋铁素体，并伴有大量条状夹杂物，如图 5-12 所示。

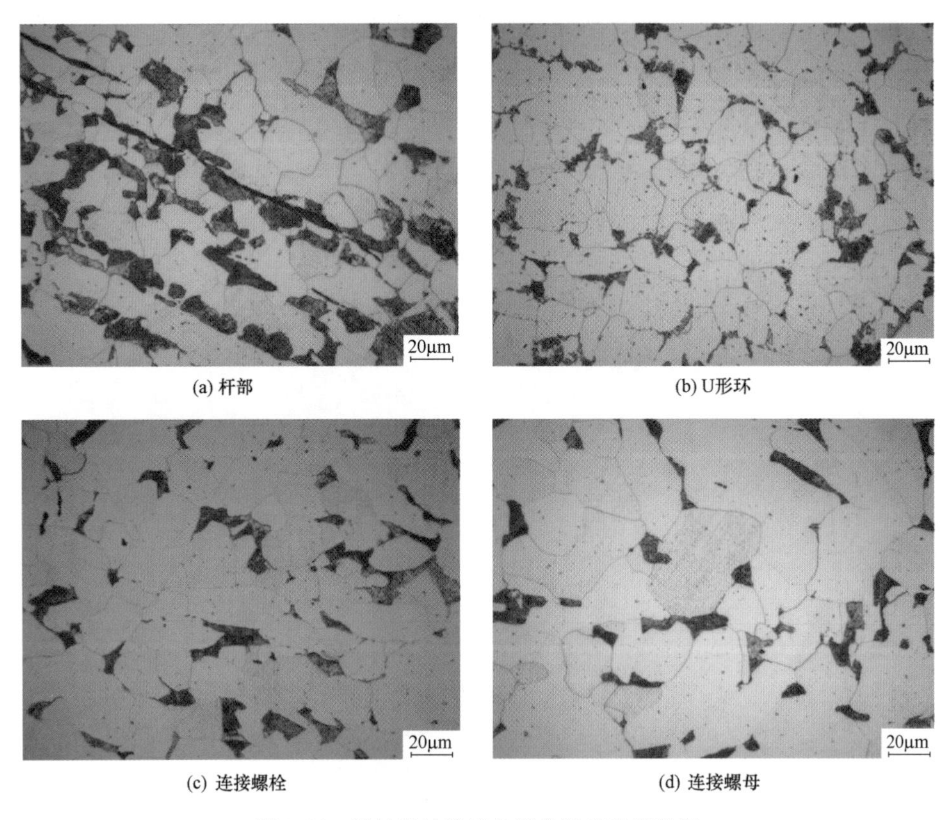

(a) 杆部　(b) U形环
(c) 连接螺栓　(d) 连接螺母

图 5-12　锈蚀的拉线棒各部位微观显微组织

（四）腐蚀产物形貌与能谱分析

利用扫描电子显微镜（SEM）对锈蚀的拉线棒腐蚀产物微观形貌进行检测，结果如图 5-13 所示。发现拉线棒杆部和 U 形环表面存在大量腐蚀凹坑，腐蚀产物较致密，表面存在大小不一的团簇状颗粒并伴有少量腐蚀孔洞。

利用能谱分析仪（EDS）对图 5-14 所示接地体的腐蚀产物进行成分分析，能谱分析结果见图 5-15 及表 5-8。可以看出，拉线棒腐蚀产物主要由铁的氧化物、硫酸盐及碳酸盐组成；腐蚀产物中的 Si 主要以氧化硅的形式存在，应为砂石吸附在拉线棒表面所致。

(a) 杆部

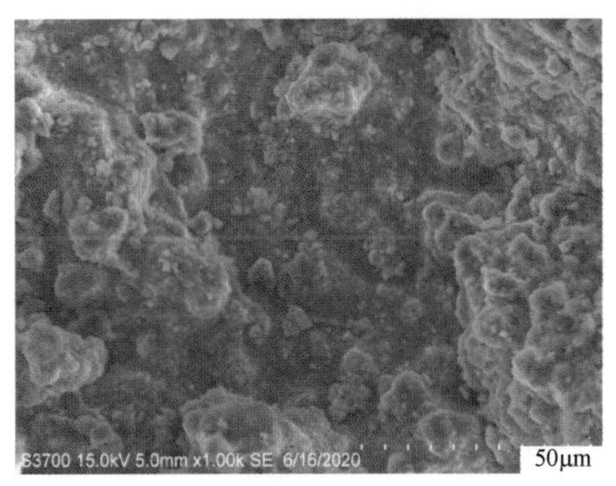

(b) U形环

图 5-13　锈蚀拉线棒表面腐蚀产物 SEM 形貌

(a) 杆部

(b) U形环

图 5-14　锈蚀拉线棒能谱分析部位

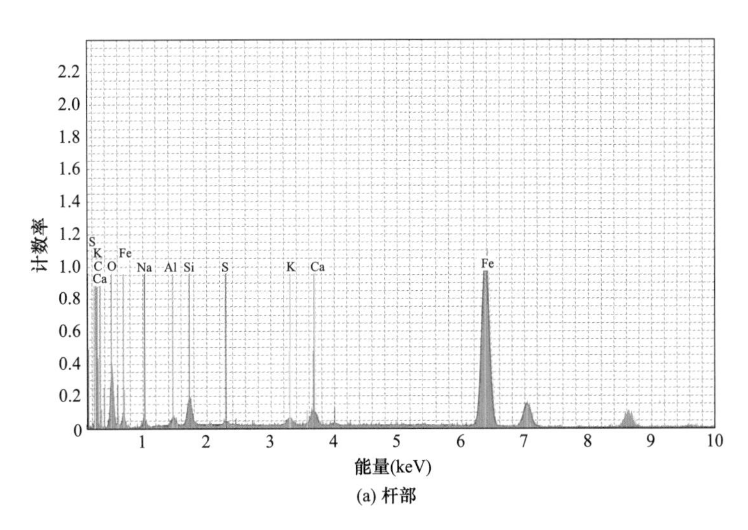

(a) 杆部

图 5-15　锈蚀拉线棒能谱分析图（一）

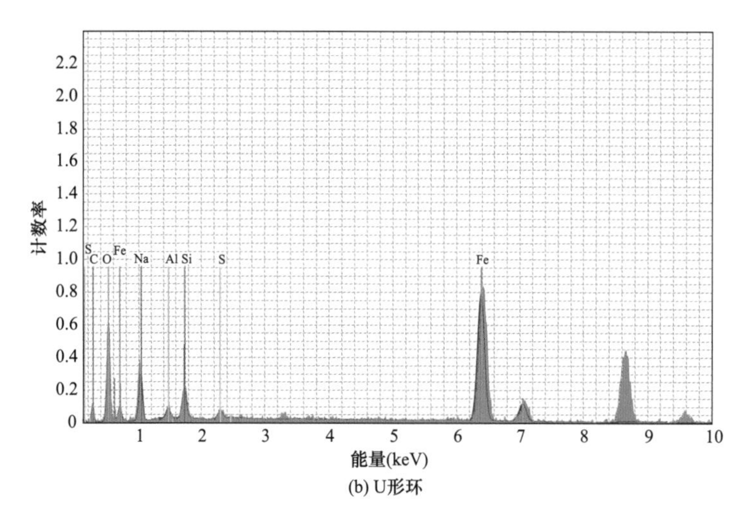

(b) U形环

图 5-15 锈蚀拉线棒能谱分析图（二）

表 5-8 腐蚀产物能谱分析结果 %

检测部件	Fe	O	Si	Na	C	K	Ca	Al	S
杆部	55.34	19.62	5.55	3.06	9.29	1.31	3.21	1.93	0.7
U形环	36.97	27.72	4.53	15.48	12.6	—	—	1.51	1.19

（五）力学性能试验

对锈蚀的拉线棒取样进行硬度测试。拉线棒杆部硬度为 128HV，U 形环硬度为 123HV，拉线棒连接螺栓硬度为 126HV，连接螺母硬度为 146HV。

三、综合分析

拉线棒杆部和 U 形环表面腐蚀产物中含有硫元素，说明铁塔周边土壤中硫酸根含量较高，而硫酸根离子对土壤腐蚀有促进作用，其含量越高，腐蚀性越强。主要体现在以下两个方面：

（1）在硫酸盐含量较高的土壤中，热镀锌层极易被腐蚀生成硫酸锌，具有可溶性的硫酸锌，造成热镀锌层快速消耗最终失效。

（2）导电作用。腐蚀电池的要素之一是要有离子通路，土壤中的硫酸根离子强化了离子通路，降低了阴阳极之间的电阻，提高腐蚀电流的效率，加速电化学腐蚀过程。这样输电铁塔拉线棒长期处在硫酸根含量较高的土壤中运行，在土壤的化学、电化学腐蚀的综合作用下，发生严重腐蚀。

四、结论与建议

综上分析，500kV 输电铁塔拉线棒长期处在硫酸根含量较高的土壤中运行，在土壤的化学、电化学腐蚀的综合作用下，表面镀锌保护层不断与土壤中的硫反应生成可溶性盐，

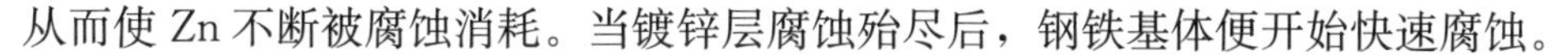

从而使 Zn 不断被腐蚀消耗。当镀锌层腐蚀殆尽后，钢铁基体便开始快速腐蚀。

建议：①应加强对在役输电铁塔拉线棒的巡视力度，发现锈蚀损伤严重的拉线棒应及时更换；②新更换的拉线棒应采用热镀锌防腐，镀锌层最小厚度不低于 85μm；③建议在条件允许的情况下，采用混凝土加固灌注技术解决输电铁塔拉线棒的腐蚀问题，以免再次出现类似腐蚀失效。

［案例 5-4］ 220kV 输电铁塔塔腿腐蚀损伤

一、案例简介

某供电公司巡视人员在巡检过程中，发现某 220kV 输电铁塔塔腿角钢、紧固螺栓、连接板等部位发生大面积腐蚀损伤，部分斜拉材已腐蚀至局部缺失。该输电铁塔位于某重化工工业园区内，塔腿角钢及连接板材质均为 Q235B 钢，表面采用热镀锌防腐工艺处理，目前已投运 24 年。为找出该输电铁塔塔腿腐蚀损伤原因，避免同类失效再次发生，对其进行检验分析。

二、检测项目及结果

（一）宏观检查

现场对发生腐蚀损伤的铁塔进行勘察，发现铁塔周边煤化工等高污染企业众多，空气中有刺鼻气味，工业污染非常严重。铁塔塔腿基础周围的地面被砂石覆盖垫高，使得塔腿地势相对降低并形成凹坑，排涝条件极差，凹坑中充满未干透的银灰色淤泥，说明塔腿长期被污水所浸泡。铁塔通体乌黑，塔材锈蚀严重，多处出现腐蚀减薄、断裂、大面积点蚀现象，部分斜拉材甚至已腐蚀断裂或局部缺失；铁塔保护帽、螺栓及其防盗帽锈蚀情况同样十分严重，出现起皮、剥离、破损现象。此外，个别靠近塔腿连接板处的斜拉材已发生明显的弯曲变形，说明铁塔整体受力平衡已发生改变，承载能力严重不足，存在较大安全威胁，如图 5-16 所示。

(a) 现场情况

(b) 锈蚀严重的塔腿

图 5-16　腐蚀损伤的铁塔塔腿宏观形貌（一）

(c) 变形的斜拉材

(d) 腐蚀断裂的斜拉材

图 5-16　腐蚀损伤的铁塔塔腿宏观形貌（二）

（二）塔材尺寸及镀锌层厚度测量

表 5-9 为腐蚀铁塔各规格塔材的尺寸及镀锌层厚度测量结果。可以看出，铁塔基础部位各规格塔材的腐蚀减薄量均超过 26%，属于严重腐蚀减薄，铁塔的承载能力大幅度下降，存在倒塔隐患。塔腿主材与斜拉材的镀锌层厚度极不均匀，同时斜拉材的镀锌层最小厚度低于 DL/T 1453—2015《输电线路铁塔防腐蚀保护涂装》要求；而塔脚连接板由于腐蚀损伤严重，其表面镀锌层已全部脱落，无法进行镀锌层测量。

表 5-9　　铁塔各规格塔材的尺寸及镀锌层厚度测量结果

塔材名称	设计厚度（mm）	实测厚度（mm）	减薄率（%）	实测镀锌层厚度（μm）	标准要求镀锌层最小厚度值（μm）
塔腿主材角钢	11	8.1	26	75～140	≥70
拉材角钢	5.5	0	100	60～120	≥70
塔脚连接板	7.5	4.3	43	0	≥70

（三）化学成分分析

从腐蚀损伤的塔腿角钢取样进行化学成分检测，结果见表 5-10。可以看出，塔腿角钢的化学成分中各元素含量满足 GB/T 700—2006《碳素结构钢》对 Q235B 钢的要求。

表 5-10　　腐蚀损伤塔腿角钢化学成分检测结果　　%

检测元素	C	Si	Mn	P	S
实测值	0.13	0.15	0.34	0.011	0.017
标准要求	≤0.20	≤0.35	≤1.40	≤0.045	≤0.045

（四）显微组织分析

清除腐蚀损伤铁塔塔材表面的腐蚀产物并取样进行金相显微组织检测，发现塔腿角钢的组织为等轴状均匀分布的铁素体＋少量珠光体，并伴有大量尖锐的腐蚀性孔洞，在剪切力的作用下极易沿孔洞尖角处形成应力集中，造成塔材的开裂，如图 5-17 所示。

（五）铁塔塔腿应力分析

为了计算铁塔塔腿腐蚀前后的应力水平，根据铁塔设计图纸及现场实际测量数据，构建了铁塔塔腿几何模型，如图 5-18 所示。由于铁塔主材角钢的腐蚀减薄程度最轻，因此分析模型中，铁塔各规格塔材均按照主材的减薄量进行计算。此外，考虑塔腿结构及受力条件的对称性，选取单个塔腿作为分析对象以提高计算速度。根据设计手册，同时考虑铁塔在极限覆冰及大风条件下的运行工况，对塔腿施加 19.6kN 的等效载荷，塔脚连接板底部设置为固定约束，分析模型中网格采用四面体单元。

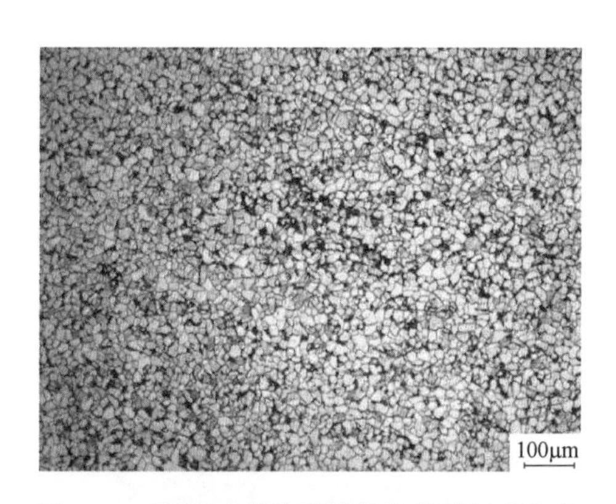

图 5-17　腐蚀减薄的塔腿角钢微观显微组织

图 5-18　输电铁塔塔腿几何模型

图 5-19 所示为腐蚀前后塔腿处的应力分布情况，可以看出，两种情况下塔腿最大应力均出现在塔腿连接板与主材结合部位，其中未发生腐蚀的铁腿最大应力为 180MPa，而腐蚀减薄的塔腿最大应力高达 280MPa，已经超过 Q235 钢材的屈服应力，在极限情况下，会导致铁塔塔腿发生塑性弯曲变形甚至倒塔。

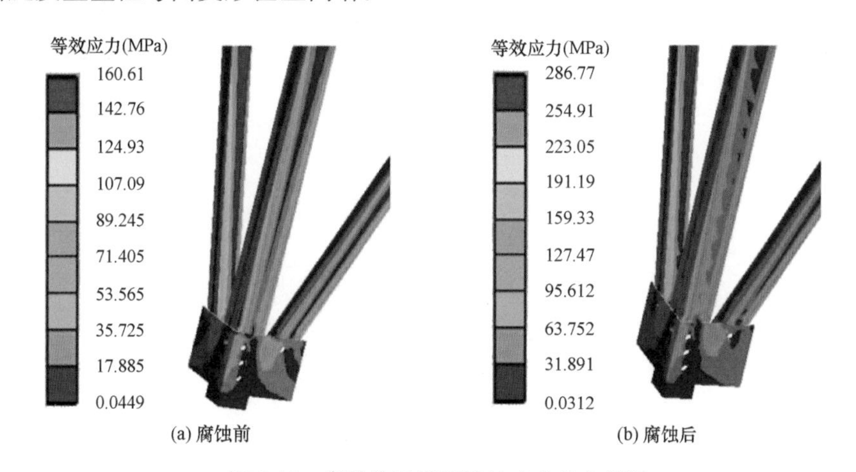

图 5-19　腐蚀前后塔腿处的应力分布情况

（六）腐蚀介质分析

对腐蚀损伤的输电铁塔塔脚处土壤样品进行理化性能及离子含量检测，结果见表 5-11。

可以发现，铁塔塔脚处土壤中 SO_4^{2-} 含量高达 243g/kg，硫含量高达 138g/kg，含盐量高达 64%，含水率为 30%，pH 值为 3.07，为强酸性高硫高盐高湿工业污染土壤。

表 5-11　　土壤样品理化性能及离子含量检测结果

检测项目	SO_4^{2-} (g/kg)	Cl^- (g/kg)	NO_3^- (g/kg)	硫含量 (g/kg)	pH	含水率 (%)	含盐量 (%)
实测值	243	2.63	0.099	138	3.07	30.4	64.0

（七）腐蚀产物形貌及能谱分析

利用扫描电子显微镜（SEM）对腐蚀损伤的塔腿角钢进行检测，发现角钢表面存在大量的腐蚀凹坑，凹坑内腐蚀产物呈致密的不规则颗粒状分布，如图 5-20 所示。利用能谱分析仪 EDS 对图 5-21 所示的铁塔角钢表面腐蚀产物的成分进行分析，分析结果见图 5-22 和表 5-12。结果表明，腐蚀产物主要为铁的氧化物，同时 S 元素含量较高，符合酸性腐蚀的特征。腐蚀产物中未发现 Zn 元素，说明镀锌层早已消耗殆尽。

(a) 低倍形貌

(b) 高倍形貌

图 5-20　腐蚀产物 SEM 形貌

图 5-21　能谱分析部位

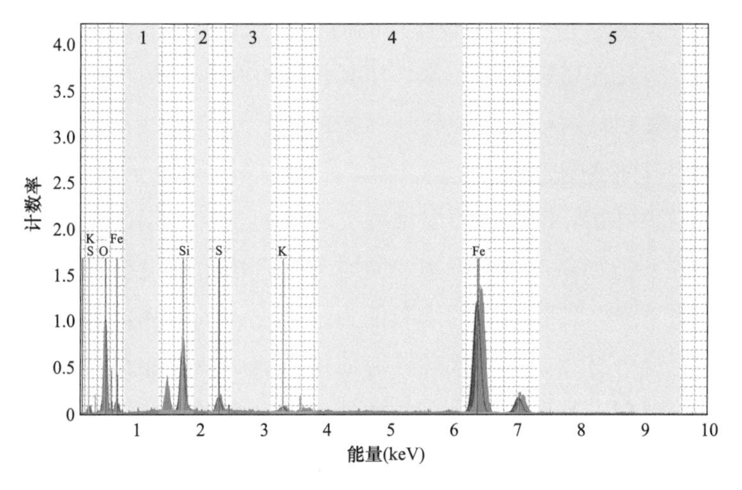

图 5-22　能谱分析图

表 5-12　　腐蚀产物成分能谱分析结果　　%

检测元素	Fe	O	Si	S	K
实测值	49.48	33.08	12.64	3.48	1.32

三、综合分析

研究表明，镀锌层在大气环境中会与空气中的氧形成具有保护性的氧化膜，抑制镀锌层的进一步腐蚀，这样镀锌层能够有效保证外部腐蚀介质不与钢铁基体直接接触；当镀锌层被破损时，镀锌层还可以作为牺牲阳极对裸露的钢铁基体进行阴极保护，因此在一般运行条件下热镀锌层具有良好的耐蚀性。

腐蚀损伤的铁塔处于重化工工业园区内，多年来因工业生产所排放的二氧化硫等废气，造成铁塔基础部位的土壤硫酸盐含量较高，呈很强的酸性，对铁塔混凝土基础和塔材均有很强的腐蚀性。同时，塔腿基础周围的地面因被砂石覆盖垫高，使得塔腿地势相对降低并形成凹坑，排涝条件极差，在降雨较为频繁的季节，极易在塔腿处积水，使塔腿长期浸泡在腐蚀性极强的污水和淤泥中。

这样在硫酸盐含量较高的污水中，热镀锌层极易被腐蚀生成硫酸锌，具有可溶性的硫酸锌，不断溶解于污水中，造成热镀锌层快速消耗最终失效。当镀锌层腐蚀殆尽后，钢铁基体便开始腐蚀，因其腐蚀产物不具备保护作用，因此腐蚀速率很高并一直持续，直到材料破坏失效。因此，在酸性的硫酸盐腐蚀介质中，热镀锌层已经不能起到有效的防腐作用，应采用耐硫腐蚀性能更好的表面处理工艺进行防腐。

此外，腐蚀损伤铁塔塔材角钢表层的镀锌层厚度不均匀，且局部镀锌层厚度和含量不达标，造成其抵抗外部腐蚀能力差，在一定程度上会加速铁塔的腐蚀损伤。

四、结论与建议

由于线路紧邻高污染化工企业，多年来因工业生产所排放的烟气和粉尘造成铁塔周边土壤及空气中含有大量强腐蚀性的硫酸盐；同时由于铁塔塔腿处地势较低排涝条件极差，在连续降雨条件下，容易在塔腿部位积水，使其长期被强酸性的污水及淤泥浸泡，造成镀锌防护层不断损耗并失效，这样失去镀锌层保护的塔材快速腐蚀，出现大面积点蚀甚至断裂，局部区域已发生弯曲变形。

由有限元分析结果可知，即便按照腐蚀程度较轻的主材角钢的减薄量进行计算，在覆冰、大风等极限条件下仍然存在倒塔隐患，同时考虑铁塔角钢发生腐蚀后，因腐蚀孔洞造成材料力学性能严重下降，实际铁塔的承载能力还将进一步下降，故建议对腐蚀损伤铁塔进行更换处理。新更换塔材和高强连接螺栓应使用耐硫腐蚀性能更好的锌铝合金镀层或铝锌合金镀层，同时，混凝土基础也应进行防酸处理，以增强其耐强酸性高硫高盐介质的腐蚀能力。此外，应该将该铁塔塔腿处凹坑垫高，改善铁塔的排涝环境，避免其长期被污水和淤泥浸泡和覆盖造成腐蚀损伤。

［案例 5-5］ 220kV 输电杆塔拉线棒腐蚀断裂

一、案例简介

输电铁塔拉线棒一般埋设于地下 2～2.5m，隐蔽性较强，因此在不开挖的情况下，检测其腐蚀情况比较困难。一旦拉线棒发生严重腐蚀锈蚀，会使其有效截面积减小，承载能力大幅度下降，可能引起断线、倒塔及大面积停电等事故，造成人身伤亡及经济损失，严重影响电网的安全稳定。

某供电公司运维检修人员在对输电线路埋地构件的开挖检查过程中，发现某 220kV 输电铁塔拉线棒已腐蚀断裂，存在安全隐患。该线路位于沙漠地区，周边地区以畜牧业为主，无重工业企业。腐蚀断裂的拉线棒直径为 32mm，材质为 Q235B，表面采用热镀锌防腐工艺处理。为找出拉线棒腐蚀断裂原因，避免同类失效再次发生，对其进行检验分析。

二、检测项目及结果

（一）宏观检查

对腐蚀断裂的输电杆塔拉线棒进行宏观形貌观察，发现拉线棒埋地部分镀锌层已完全脱落，表面存在不同程度的腐蚀，且埋设深度越深腐蚀越严重。拉线棒断裂于地下约 40cm 处，断口附近锈层酥化严重，腐蚀面积占整个拉线棒截面积的 2/3 以上，腐蚀坑呈“8”字形，其表层腐蚀产物呈黑色，内部腐蚀产物呈黄褐色。同时，拉线棒埋地部分腐蚀产物呈层片状且部分已脱落，未见明显机械损伤及塑性变形。拉线棒地上部分服役环境较好，镀锌层未见明显腐蚀，保存相对完好，呈银白色，如图 5-23 所示。

（二）金相分析

对腐蚀断裂的输电杆塔拉线棒取样进行金相显微组织分析，可以看出，拉线棒的基体组织为等轴状分布的珠光体＋铁素体，组织未见明显异常。断口附近拉线棒表面镀锌层已消耗殆尽且锈蚀较为严重，存在深浅不一的腐蚀凹坑及大量的腐蚀孔洞，如图 5-24 所示。

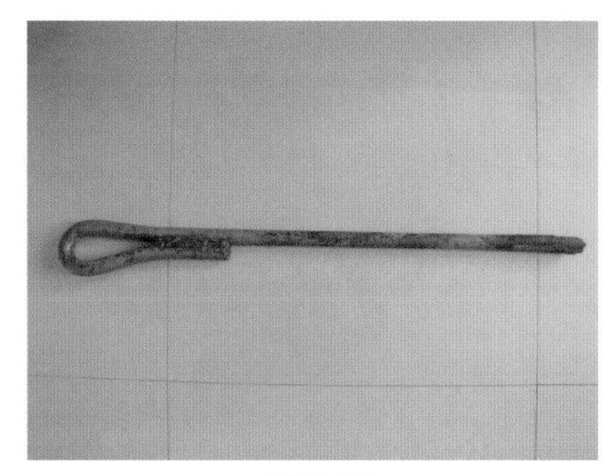

(a) 整体形貌

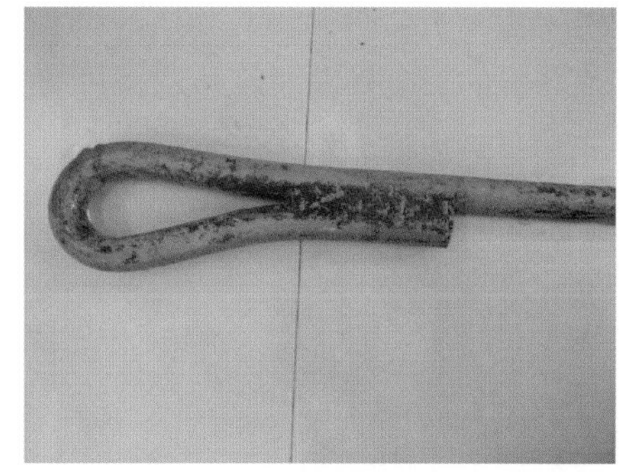

(b) 地上部分

(c) 断口形貌

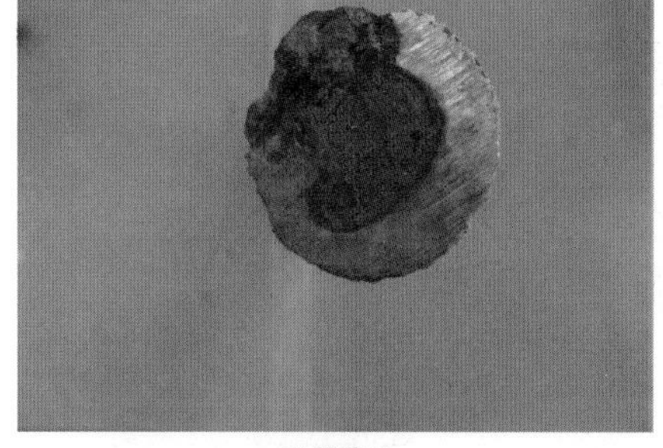

(d) 横截面

图 5-23 腐蚀断裂的输电杆塔拉线棒宏观形貌

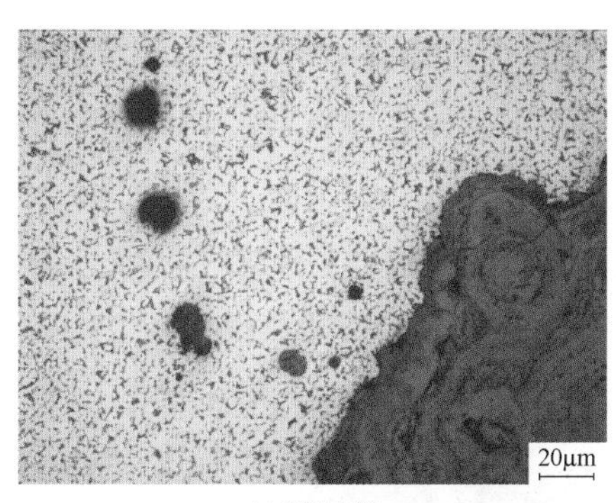

(a) 腐蚀孔洞

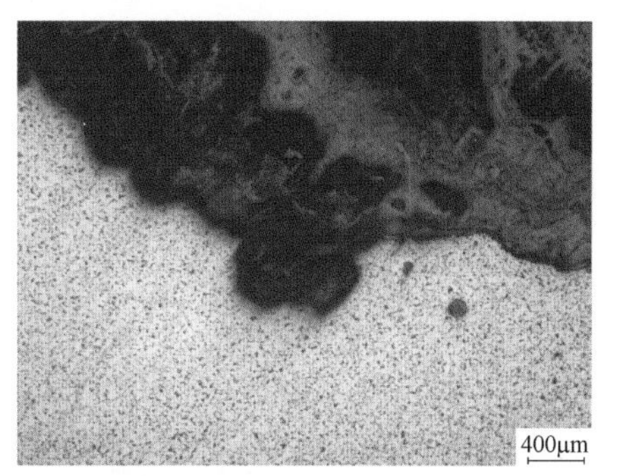

(b) 腐蚀坑

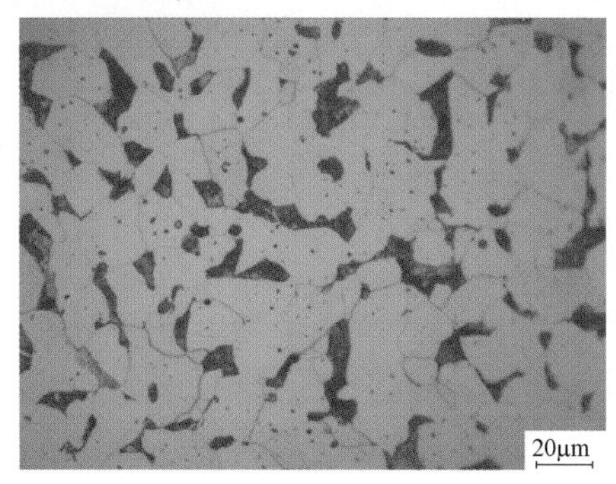

(c) 基体

图 5-24 腐蚀断裂的拉线棒金相组织

（三）化学成分分析

对腐蚀断裂的输电杆塔拉线棒取样进行化学成分检测，检测结果见表 5-13。可以看出，拉线棒各元素含量均符合 GB/T 700—2006《碳素结构钢》的要求。

表 5-13　腐蚀断裂的输电杆塔拉线棒化学成分检测结果　%

检测元素	C	Si	Mn	P	S
标准要求	0.15～0.21	≤0.35	≤1.40	≤0.045	≤0.045
实测值	0.17	0.26	0.47	0.011	0.032

（四）镀锌层厚度测试

对腐蚀断裂的输电杆塔拉线棒地上未锈蚀部分的镀锌层厚度进行测量。结果表明，拉线棒镀锌层厚度在 115～120μm 之间，满足镀锌层最小值不小于 70μm、平均值不小于 85μm 的埋地金属构件技术要求。

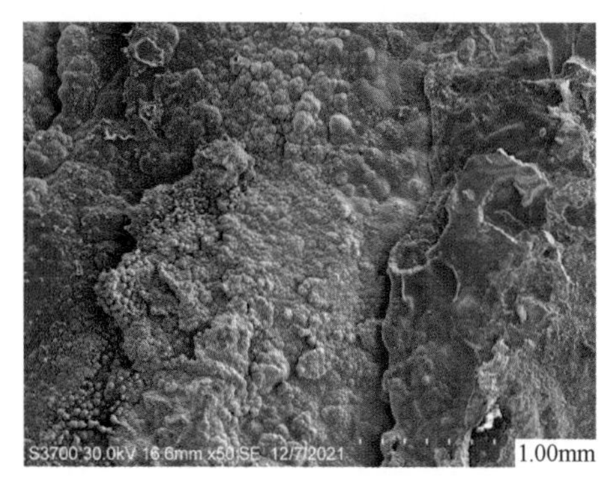

图 5-25　拉线棒腐蚀产物 SEM 形貌

（五）腐蚀产物形貌与能谱分析

利用扫描电子显微镜（SEM）对腐蚀断裂的输电杆塔拉线棒腐蚀产物微观形貌进行检测，结果如图 5-25 所示。可以看出拉线棒表面腐蚀产物呈层片状且较致密，并伴有大量的致密团簇状颗粒。

利用能谱分析仪（EDS）对腐蚀断裂的输电杆塔拉线棒腐蚀产物进行成分分析，检测结果见图 5-26 及表 5-14。可以看出，拉线棒腐蚀产物主要为铁的氧化物和氯化物；腐蚀产物中少量的硅主要以二氧化硅的形式存在，应为砂石吸附在拉线棒表面所致。

(a) 能谱分析部位

图 5-26　拉线棒腐蚀产物 EDS 分析谱图（一）

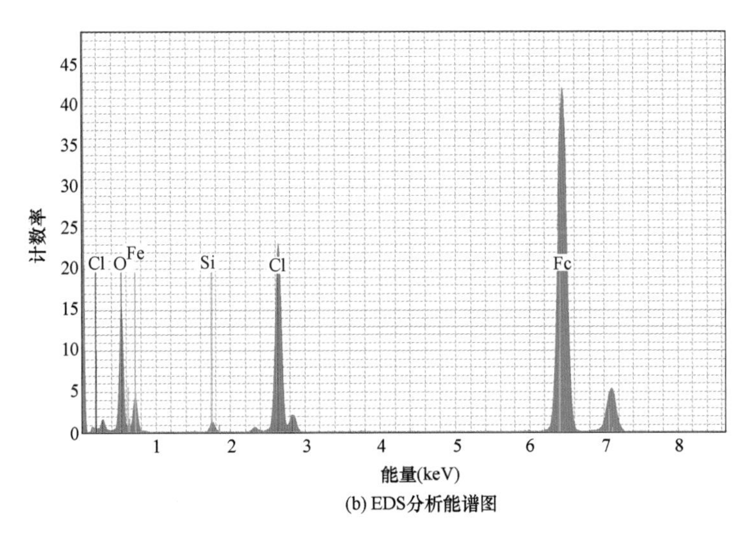

(b) EDS分析能谱图

图 5-26　拉线棒腐蚀产物 EDS 分析谱图（二）

表 5-14　　腐蚀产物能谱分析结果　　%

检测元素	Fe	O	Si	Cl
测试值	80.03	5.29	0.8	13.87

（六）土壤理化性能分析

对腐蚀断裂的输电杆塔拉线棒附近土壤样品进行了理化性能及离子含量检测，结果见表 5-15。可以发现，铁塔接地体附近土壤中氯离子含量高达 0.42g/kg，硫含量高达 0.77g/kg，电导率为 982μS/cm，pH 值为 8.58，属于碱性高盐土壤。

表 5-15　　土壤样品理化性能及离子含量检测结果

检测项目	Cl^-（g/kg）	硫含量（g/kg）	电导率（μS/cm）	pH
测试值	0.42	0.77	982	8.58

（七）硬度检测

对腐蚀断裂的输电杆塔拉线棒取样进行硬度测试，拉线棒硬度值为 115～121HV，GB/T 700—2006《碳素结构钢》中对 Q235 材料无具体硬度要求，一般来说，该硬度范围基本符合使用要求。

三、综合分析

经分析，腐蚀断裂的输电杆塔拉线棒化学成分符合标准要求，排除因材质错用造成的腐蚀失效。该 220kV 输电杆塔拉线棒长期埋设于沙漠地区，无工业污染源，经检测线路周边沙土属于碱性高盐土壤，土壤中氯盐和硫酸盐含量水平较高。研究表明，腐蚀介质中的氯及硫酸根离子对腐蚀过程起促进作用，同时腐蚀方式也由均匀腐蚀转变为局部点蚀。主要体现在以下几个方面：

（1）氯离子因其半径较小，可以穿过并破坏金属表面的钝化膜，使得膜表面形成高密度电流，当膜一溶液界面电位达到点蚀电位临界值时，便会发生点蚀。

（2）氯离子可优先吸附在钝化膜表面，将氧原子排挤掉，然后和氧化膜中的阳离子结合生成可溶性氯化物，在新露出的基体金属的特定点上生成孔径在 20～30μm 之间的小腐蚀坑（即孔蚀核），并在氯离子的催化作用下，点蚀电位下降，腐蚀坑不断扩大、加深。

（3）腐蚀电池的要素之一是要有离子通路，土壤中的氯和硫酸根离子强化了离子通路，降低了阴阳极之间的电阻，提高腐蚀电流的效率，加速电化学腐蚀过程。

综上，在氯盐及硫酸盐含量较高的土壤中，拉线棒表面镀锌层极易被腐蚀生成水溶性的氯化锌或硫酸锌，这样在连续降雨的天气条件下，氯化锌或硫酸锌不断溶解并随雨水流入地下，造成热镀锌层快速消耗而最终失效。在镀锌层腐蚀殆尽后，裸露在土壤中的碳钢基体在失去腐蚀防护层保护的情况下，大面积腐蚀。由于氯离子的扩散，拉线棒表面的钝化层被不断地穿透、破坏，并形成点蚀坑，加剧了其腐蚀过程；同时，因腐蚀产物与拉线棒基体的膨胀系数相差较大，这样在温度急剧变化时，腐蚀钝化层会发生大面积脱落，导致局部区域金属基体直接暴露在腐蚀介质中。随着腐蚀的进行，拉线棒表面腐蚀坑内的氧化铁或羟基氧化铁被进一步氧化为四氧化三铁，因其致密性和稳定性更高，对基体金属的腐蚀保护也更好，所以表层腐蚀坑内的基体金属腐蚀速度不断下降。而在重力的作用下少部分氯离子可继续向下扩散并穿透表面氧化层进入拉线棒内部，因氧含量的下降，生产的腐蚀产物主要以黄褐色的羟基氧化铁为主，造成拉线棒的二次腐蚀。

四、结论与建议

220kV 输电杆塔拉线棒腐蚀断裂主要是因为拉线棒长期埋设于氯及硫酸根离子含量较高的碱性高盐土壤中，在土壤的化学、电化学腐蚀及杂散电流腐蚀的综合作用下，最终发生严重的腐蚀损伤直至断裂。

建议，加强对在役拉线塔拉线棒的腐蚀情况检查力度，尤其是氯离子含量较高的沙漠地区，发现腐蚀损伤严重或断裂的应及时更换；同时，鉴于沙漠地区土壤腐蚀性较强，建议在条件允许的情况下，采用性能较好的高效降阻剂或混凝土加固灌注方法提升拉线棒的防腐水平，避免类似腐蚀失效再次发生。

[案例 5-6] 钢筋混凝土电杆腐蚀损伤

一、案例简介

目前，钢筋混凝土电杆依旧是输电线路上最常见的一种电杆，由于电力行业具有安全、稳定、可持续性的特点，因此，在役的混凝土电杆应具有更强的耐久性与稳定性以保障电网安全稳定运行。架设在某平原地区的混凝土电杆在线路巡检过程中发现存在不同程度的腐蚀，严重的已经到了远未到服役期满但必须更换的程度，如图 5-27 所示。该地区为农业基地，由于大量农业灌溉，导致该地区土地盐碱化严重。为找出混凝土电杆腐蚀损伤原因，避免同类失效再次发生，对其进行检验分析。

图 5-27 混凝土电杆腐蚀情况

二、检测项目及结果

（一）X射线衍射（XRD）分析

将腐蚀损伤的混凝土电杆附近的土壤试样放置于烘箱中，60℃条件下干燥 24h，利用X射线衍射确定土壤主要组成成分，结果如图 5-28 所示。可以看出，该土壤主要由二氧化硅、硫酸钠以及氯化钠组成，衍射峰明显且强度大，表明该土壤的成分结晶良好，其中阴离子主要有氯离子及硫酸根离子，阳离子主要有钠离子。

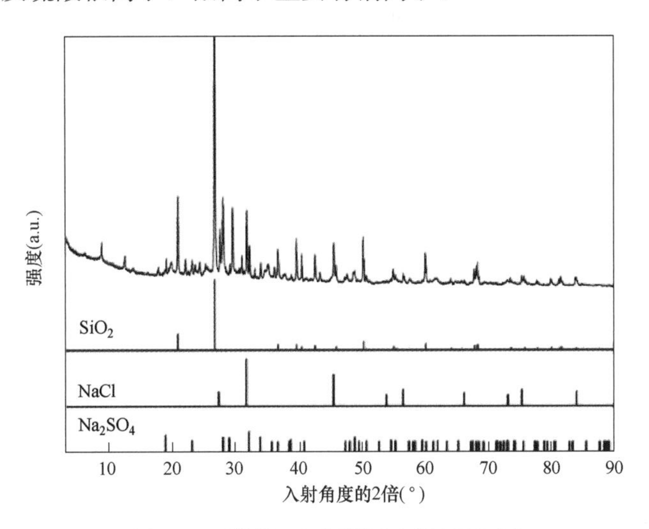

图 5-28 混凝土电杆附近土壤 XRD 图

（二）扫描电子显微镜（SEM）分析

将腐蚀损伤的混凝土电杆附近的土壤试样放置于烘箱中，60℃条件下干燥 24h，利用扫描电子显微镜确定土壤的微观结构，结果如图 5-29 所示。从图 5-29 中可以看出，土壤颗粒黏结成一团，从而导致土壤中形成了中空的孔洞，该结构可大大增加土壤的含水量，含水量的升高可进一步导致土壤中的混凝土电杆腐蚀。

(a) 低倍

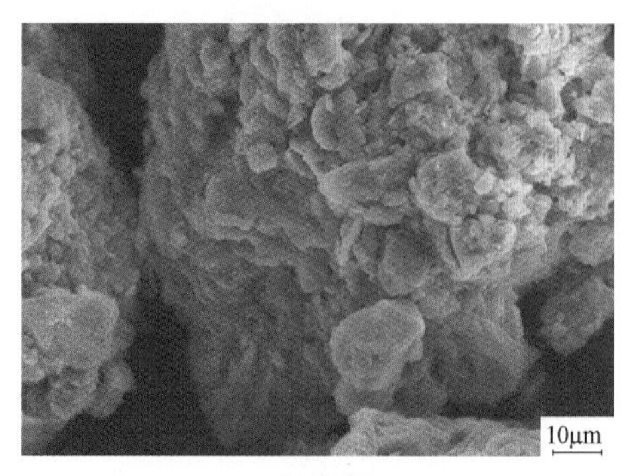

(b) 高倍

图 5-29　混凝土电杆附近土壤 SEM 图

（三）X 射线能谱仪（EDS）分析

利用 X 射线能谱仪确定腐蚀损伤的混凝土电杆附近的土壤组成元素，检测结果见表 5-16。结果表明，土壤中腐蚀性的氯和硫元素含量较高，其质量百分比分别为 8.66％和 3.71％。

表 5-16　　土壤能谱分析结果　　％

检测元素	O	Na	Mg	Al	Si	S	Cl	K	Ca	Fe
测试值	44.75	8.31	2.42	4.94	14.74	3.71	8.66	2.49	6.77	3.21

（四）土壤水溶液离子色谱检测

表 5-17 为混凝土电杆附近土壤样品水溶液的离子色谱检测结果，可以看出，土壤中腐蚀性的氯离子与硫酸根离子含量分别为 64.03mg 和 69.64mg，且土壤 pH 值大于 9，属于重度盐碱土壤。

表 5-17　　土壤样品水溶液的离子色谱检测结果

离子浓度（mg/L）							pH	电导率（μS/cm）
阳离子				阴离子				
Na^+	K^+	Mg^{2+}	Ca^{2+}	Cl^-	NO_3^-	SO_4^-		
605.9	15.4	82.6	73.0	640.3	41.6	696.4	9.43	3.59

（五）土壤水溶液浸泡混凝土试块实验

采用该地区使用的混凝土电杆相同的原料及配比，制备混凝土试块，并养护 28d；将养护后的试块浸泡到该地区土壤的水溶液中 16d，然后测试其抗压强度，结果如表 5-18 所示。可以看出，经土壤水溶液浸泡后的混凝土试块的强度下降了 18.15％。

表 5-18　　电杆用混凝土试块强度数据表

序号	试件名称	试验龄期(d)	抗压强度(kN)	平均值(MPa)	折算系数后平均强度(MPa)
1	未浸泡试块	16	649.81	64.26	61.04
			632.69		
			645.16		
2	土壤水溶液浸泡试块	16	498.25	52.59	49.96
			609.96		
			525.85		

三、综合分析

土壤是一种由多种相态的物质组成的复杂的系统。因此其腐蚀性也是多种因素相互作用的复杂过程。土壤的含水率极大程度地影响着土壤的腐蚀能力。土壤中的水分溶解了土壤中的可溶盐，使得土壤可以成为发生电化学腐蚀的电解质，并且土壤中水分含量的变化直接影响着土壤可溶盐的浓度，因此对混凝土电杆造成一定程度的腐蚀。腐蚀损伤的混凝土电杆埋设地区作为主要的粮食产地，每到冬季会引入大量河水漫灌耕地，并且由于该地区土壤是黏结到一团并中间含有大量微小孔洞的微观形貌，该形貌可极大地增加土壤的含水量；因此，大量的混凝土电杆在整个冬季浸泡到含有高浓度的氯离子、硫酸根离子的碱性土壤水溶液中，由于混凝土本身具有大量的微小缝隙，并且经过气温的变化，混凝土会发生冻融循环，混凝土中微小的空隙会变大，更加有利于腐蚀因子进入混凝土内部对内部进行腐蚀，造成混凝土电杆的强度下降。

土壤中含有的主要离子为钠离子、钾离子、镁离子、碳酸根离子、氯离子及硫酸根离子，其中氯离子及硫酸根离子都会增大电杆中钢筋的腐蚀性，这是由于电杆中的钢筋发生局部腐蚀时，主要受阴离子的影响，金属表面的钝化膜会被溶液中的氯离子产生较大的破坏，极大地加速了金属的溶解，并穿过钢筋表面及中间层与钢筋本体生成可溶性结合物，同时硫酸根离子对电杆中的钢筋的腐蚀有很大的促进作用。由土壤理化性能检测结果可知，混凝土电杆附近土壤含有大量的氯离子及硫酸根离子，因此会对电杆造成极大的腐蚀破坏。

四、结论与建议

混凝土电杆腐蚀损伤主要是因为其服役地区为农业灌溉地区，土壤中含有大量水分，且土壤中含有大量的如氯离子、硫酸根离子的腐蚀因子，导致混凝土电杆中的钢筋腐蚀、胀大，使得外层混凝土剥落，同时耐压强度不断下降，最终造成混凝土电杆腐蚀失效。

建议，在后续混凝土电杆使用中，可对其进行一定的保护，如添加防腐蚀表面涂层，以及添加新型材料增加混凝土内部的致密性，从而增加混凝土电杆的冻融循环次数，防止腐蚀因子渗入电杆内部，从而提高混凝土电杆的使用寿命。

参 考 文 献

[1] 梁永纯，聂铭，马元泰，等．电力设备金属材料腐蚀与防护技术 [M]. 北京：中国电力出版社，2017.

[2] 李晓刚．材料腐蚀与防护概论 [M]. 北京：机械工业出版社，2017.

[3] 谢学军，等．电力设备腐蚀与防护 [M]. 北京：科学出版社，2019.

[4] 谢学军，等．热力设备的腐蚀与防护 [M]. 北京：中国电力出版社，2011.

[5] 殷伟斌．电力系统金属材料防腐与在线修复技术 [M]. 北京：机械工业出版社，2017.

[6] 王宝成．材料腐蚀与防护 [M]. 北京：北京大学出版社，2012.

[7] 孙齐磊．材料腐蚀与防护 [M]. 北京：化学工业出版社，2015.

[8] 李卫平，等．材料腐蚀原理与防护技术 [M]. 北京：北京航空航天大学出版社，2020.

[9] 郑佩祥．电力设备金属材料监督与检测 [M]. 北京：中国电力出版社，2017.

[10] 孙秋霞．材料腐蚀与防护 [M]. 北京：冶金工业出版社，2001.

[11] 黄伯云，等．材料腐蚀与防护 [M]. 长沙：中南大学出版社，2009.

[12] 曾荣昌，等．材料的腐蚀与防护 [M]. 北京：化学工业出版社，2009.

[13] 陈浩，等．电力设备金属部件的腐蚀与防护 [M]. 济南：山东科学技术出版社，2021.